微量元素 P
在 Ni-Fe-Cr 基
高温合金中的作用研究

Investigations on the Influence of Phosphorus in Ni-Fe-Cr Based Superalloy

◎章　莎　著

西安交通大学出版社
XI'AN JIAOTONG UNIVERSITY PRESS

图书在版编目（CIP）数据

微量元素 P 在 Ni-Fe-Cr 基高温合金中的作用研究 / 章莎著 . —西安：西安交通大学出版社，2023.6

ISBN 978-7-5605-8637-3

Ⅰ．①微… Ⅱ．①章… Ⅲ．①微量元素－作用－耐热合金－研究 Ⅳ．① TG132.3

中国版本图书馆 CIP 数据核字（2021）第 224324 号

书　　名　微量元素 P 在 Ni-Fe-Cr 基高温合金中的作用研究
WEILIANG YUANSU P ZAI Ni-Fe-Cr JI GAOWEN HEJIN ZHONG DE ZUOYONG YANJIU
著　　者　章　莎
责任编辑　李　佳　韦鸽鸽
责任校对　刘莉萍

出版发行　西安交通大学出版社
（西安市兴庆南路 1 号　邮政编码 710048）
网　　址　http://www.xjtupress.com
电　　话　（029）82668357　82667874（市场营销中心）
（029）82668315（总编办）
传　　真　（029）82668280
印　　刷　湖南省众鑫印务有限公司

开　　本　710mm×1000mm　1/16　印张　7.5　字数　153 千字
版次印次　2023 年 6 月第 1 版　2023 年 6 月第 1 次印刷
书　　号　ISBN 978-7-5605-8637-3
定　　价　68.00 元

章　莎　湖南长沙人，长沙学院机电工程学院讲师。中国科学院金属研究所材料学专业博士。主要研究方向为高温合金及其加工技术。近年来，在 *Materials Science & Engineering A*、*Journal of Materials Science & Technology*、*Metallurgical and Materials Transactions A* 等国内外知名刊物上发表论文 10 余篇。

前　言

传统观念认为，P在高温合金中是一种有害元素。但近年来的研究表明，适量的P能显著提高GH761、IN718等Ni-Fe-Cr基变形高温合金的持久性能和蠕变性能。鉴于P的作用的复杂性，其影响机理还有待深入研究。IN706合金是一种Ni-Fe-Cr基时效强化型变形高温合金，其基体成分与GH761合金相近，晶内强化方式与IN718合金相似，且P在IN706合金中的溶解度较低，易析出P化物。因此，本书选择IN706合金作为研究的合金系统，研究了P在IN706合金铸态、热处理态中的分布及对合金组织和性能的影响，为更加有效地利用P的强化作用，提高合金的使用性能提供有益的参考。

本书研究了P的偏聚及其对合金铸态组织和均匀化的影响。结果表明，P偏聚于拉弗斯（Laves）相中，显著影响合金的铸态组织。P抑制Laves相以共晶形态析出，但促进Laves相以块状形态析出。P细化枝晶组织，并且扩大枝晶间面积。P对铸态组织的影响是其在γ基体中的低溶解度和对γ基体凝固的阻碍作用引起的。此外，P稍微降低了Laves相的熔点，在均匀化过程中，P阻碍Laves相溶解以及枝晶干与枝晶间的元素扩散。分析认为，P通过阻碍元素扩散来推迟均匀化过程。根据Laves相熔点及溶解规律，确定合金的均匀化制度为1 160 ℃ ×20 h +1 190 ℃ ×40 h。

对P在IN706合金中的偏聚与析出规律的研究表明，P具有晶界偏聚特性，P在合金中的偏聚与析出强烈依赖于P含量、热处理温度、扩散时间。在轧态组织中可以观察到少量P化物在晶界析出，经过980 ℃短时间保温可以发现大量P化物沿晶界析出。通过透射电子显微镜（Transmission Electron Microscope，TEM）选区电子衍射（Selected Area Electron Diffraction，SAED）结合能谱仪（Energy Dispersive Spectrometer，EDS）鉴定，合金中的P化物为具有正交结构的MNP相，该相的析出温度范围为850～1 040 ℃，析出峰温度为980 ℃，熔点为1 200～1 250 ℃。当P含量低于0.008%时，合金中不析出P化物，当P含量高于0.013%时，合金基体中析出P化物，因此确定P在IN706合金中的溶解度为0.008%～0.013%。合金经980 ℃保温5 min，晶粒未开始长大，但P化物已沿晶界大量析出；经980 ℃保温3 h，晶粒全部长大，但P化物仍然留在轧态合金的原晶界。合金经1 060 ℃固溶2 h，P化物完全溶解；经1 060 ℃固溶10 h，合金中的P原子充分扩散，在晶内均匀分布。

本书研究了P含量和冷却速度对高温固溶IN706合金组织和力学性能的影响。结果表明，在1 190 ℃高温固溶时，P主要以原子态形式存在于晶内，从高温冷却或者在适当的温度保温时，P原子向晶界扩散进而导致P化物沿晶界析出。当P以原子态在γ基体中固溶存在时，P不会影响IN706合金的显微硬度、室温拉伸性能和室温冲击性能；经过空冷或时效处理后，P增加了合金的显微硬度、室温屈服强度、抗拉强度，降低了合金的延伸率和冲击韧性。采用俄歇电子能谱仪（Auger Electron Spectrometer，AES）证实了P在IN706合金中的晶界偏聚，并从拉伸断口形貌呈沿晶断裂及P增加了合金的抗拉强度推测，P的晶界偏聚不会降低IN706合金的晶界结合力。P以置换方式固溶于γ基体中，并通过减小γ和γ'相的晶格错配度促进γ'相的析出，因此，当P的含量足够高并且冷却速度足够低时，P可以提高IN706合金的硬度和强度。

本书还研究了P对两种热处理态IN706合金组织和持久性能的影响。在980 ℃固溶处理时，持久寿命最佳的合金P含量为0.008%，P含量超过0.008%的合金中析出P化物，持久寿命降低。在1 060 ℃固溶时，P化物全部溶解，合金的持久寿命随着P含量的增加而增加，最高P含量的合金具有最长的持久寿命。P对IN706合金持久性能的影响取决于其存在状态，当P以原子态在晶界适度偏聚时，能显著提高合金的持久寿命；当析出P化物后，合金持久寿命降低，P的有益作用消失，表现为P的添加降低合金的持久寿命。此外，P对合金的持久塑性影响不大。

感谢长沙学院机电工程学院"湖南省'双一流'应用特色学科——机械工程"、湖南自然科学基金项目(项目编号：2020JJ4645)和湖南省教育厅科学研究项目(项目编号：19C0156)的资助。

由于作者水平所限，书中不妥之处在所难免，恳请读者批评与指正。

章　莎

2021年3月

目　录

第1章 绪　论

1.1 高温合金概况

高温合金是指以铁、镍、钴为基，能够在600 ℃以上高温及一定应力作用下长期工作，并具有表面稳定性的一类金属材料[1-3]。高温合金的基体是高合金化的奥氏体，通常含有10种以上合金元素，这些合金元素大致可以分为三类：固溶强化元素，如Fe、Ni、Co、Cr、Mo、W、Re等；沉淀强化元素，如Al、Ti、Nb、Ta等；晶界强化元素，如B、C、Zr、Hf等。这些元素在元素周期表中的位置如图1-1所示。通过固溶强化、沉淀强化、晶界强化以及各种工艺强化方法，能够保证高温合金从室温到高温具有良好强度、表面稳定性和较好的塑性。

高温合金的开发和使用始于20世纪30年代末期，喷气式飞机的出现对材料的耐高温性能和应力承受能力提出了很高要求，高温合金应运而生。20世纪40年代末和20世纪50年代，对先进涡轮发动机的迫切需要，促进了不锈钢、高温合金、难熔合金和陶瓷金属的研究。20世纪50年代初，高温合金的设计取得了显著发展，建立了镍基、钴基和铁基高温合金系列。20世纪40年代到20世纪50年代中期，主要是研究合金化的问题，即通过调整合金成分来提高合金的性能。在高温合金的发展过程中，工艺对合金的发展起着极大的推进作用。到了20世纪50年代末60年代初，真空技术和精密铸造技术被广泛应用于高温合金领域。这些技术的出现使得合金中可以加入更多易于氧化的强化元素，极大地提高了高温合金的强度。在这期间，高温合金的发展出现了决定性的转变，即从成分设计转向工艺发展。进入20世纪60年代，定向凝固、单晶合金、粉末合金、机械合金化、陶瓷过滤和等温锻造等新型工艺的研究开发蓬勃发展，成为高温合金发展的主要推动力，并得到了较快的发展[1, 5]。

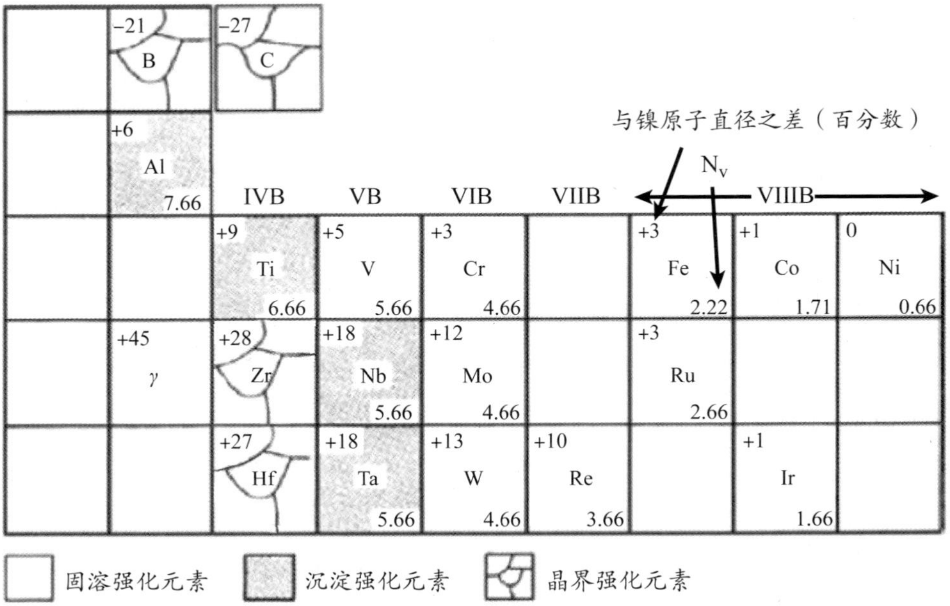

图 1-1　高温合金主要强化元素及其在元素周期表中的位置[4]

高温合金主要应用于航空发动机，在现代某些先进的航空发动机中，高温合金材料的用量占发动机总用量的40%~60%。航空发动机中的四大热端部件，即涡轮叶片、导向叶片、涡轮盘、燃烧室几乎都是由高温合金材料制成的。此外，随着工业用燃气轮机功率的不断提高，同样需要采用承温能力越来越高的高温合金。高温合金还可用来制作火箭发动机的各种高温热端部件，如涡轮盘、轴、喷管等。同时，高温合金在原子能、能源动力、石油化工、交通运输、矿山冶金及玻璃建材等诸多的民用工业领域得到广泛应用，甚至还可以作为低温钢和耐蚀材料[3, 6]。

目前全世界研制和生产的高温合金有数百个牌号，我国的高温合金就有近200个牌号，可以按不同的方法对这些高温合金进行分类。

(1) 根据合金基体元素可以将高温合金分为铁基或镍铁基高温合金、镍基高温合金和钴基高温合金。高温合金的基体通常为具有面心立方结构的奥氏体，因为

面心立方的 γ 奥氏体比体心立方的 α 铁素体具有更高的高温强度。为了形成稳定的奥氏体基体，铁基和钴基高温合金中必须加入一定量的镍，扩大奥氏体区域。铁基高温合金由于中温性能良好、热加工容易变形，加之成本较低，所以至今仍作为中温合金材料，广泛应用于涡轮盘和涡轮叶片等部件。镍基高温合金成本适中、性能优异，因而在高温合金中牌号最多，使用量最大。钴基高温合金熔点高，具有优异的抗氧化耐腐蚀性能，非常适于制作航空发动机及燃气轮机的涡轮导向叶片。

(2) 根据合金的强化类型可以将高温合金分为固溶强化高温合金和时效沉淀强化高温合金。固溶强化高温合金通过加入 W、Mo 等固溶强化元素强化合金基体。固溶强化合金经固溶处理，获得成分均匀、大小合适的晶粒组织。这类合金通常用作燃烧室和火焰筒等的材料。时效沉淀强化高温合金通过固溶处理和时效处理，析出弥散分布的沉淀强化相 γ' 或 γ''，阻碍位错运动，可以大幅度地提高高温合金的强度。这类合金主要用于制作在高温下承受较高应力的部件，如涡轮盘、涡轮叶片和导向叶片。

(3) 根据合金的成型工艺可以将高温合金分为铸造高温合金、变形高温合金和粉末高温合金。铸造高温合金是指能够经真空熔炼等工艺直接浇铸成涡轮叶片、导向叶片等零件，并在铸态下直接使用的一类合金。铸造高温合金又可分为普通精密铸造高温合金、定向凝固高温合金和单晶高温合金。变形高温合金是指经过锻造、轧制等热加工变形后使用的一类合金。经过热加工变形后，合金发生再结晶，使晶粒组织显著细化，合金熔炼过程中形成的缺陷减少。对于合金化程度较高的合金，还须经过高温均匀化扩散处理，以达到改善合金偏析的目的。由于变形高温合金组织均匀性较好，制备过程相对简单，所以被广泛应用于承温能力较高、对合金综合力学性能要求比较严格的高温部件，如飞机发动机的涡轮盘。粉末高温合金是指将高合金化的难变形高温合金，用气体雾化、旋转电极等方式制成粉末，然后利用热等静压或热挤压等方法，将粉末制成棒材，最后制成涡轮盘等零件的一类合金。机械合金化方法制备的氧化物弥散强化高温合金也属于粉末高温合金[1, 3]。

1.2 高温合金中微量元素的作用研究

在高温合金中，存在着几十种微量元素，包括非金属元素、金属和类金属元素、稀土元素、残余气体元素等。尽管微量元素在合金中的含量很低，一般为10^{-6}量级，但由于偏析的作用，可以对高温合金的组织和性能产生显著的影响。微量元素问题涉及高温合金生产和应用的各个方面，包括原材料的选择[7]、冶炼[8]、凝固和铸造[9-15]、焊接[16-20]、热加工和热处理[21]、组织和性能[22]、与环境或介质之间的交互作用[23]等。

最早对高温合金中微量元素的作用进行系统研究的是比伯（Bieber）和德克尔（Decker）[24]，以及霍尔特（Holt）和沃拉斯（Wallace）[25]，他们对微量元素进行了简单分类，如表1-1所示。高温合金中的有益元素是在炼钢过程中有意加入的，往往存在最佳成分范围。在最佳成分范围内，高温合金的持久和蠕变性能优异，塑性良好，同时能够实现强韧化。此外，某些有益的微量元素还可用作净化剂，具有脱硫和脱氧的作用，以提高高温合金的纯净度，消除有害杂质对晶界的恶劣影响。高温合金中的有害杂质元素主要来源于合金所用的原材料，以及熔炼过程中的大气污染、炉壁或坩埚污染。有害杂质元素对高温合金的持久、蠕变性能以及拉伸塑性产生有害的影响，必须严格加以控制。通过降低有害元素的含量，合理地利用有益元素的作用，可以非常有效地提高高温合金的性能。

随着军事和经济领域中的竞争日趋激烈，各国要求不断地提高各种发动机的性能，对高温合金的工作温度和性能提出了更多的要求。为了满足这些新要求，高温合金中强化元素的含量不断提高，成分也越来越复杂。高温合金发展到今天，其合金化程度已趋于极限水平，通过成分设计来提高合金性能的余地已经非常有限。因此，合金发展转向工艺发展，通过进一步控制合金的组织结构来提高合金的综合性能、使用可靠性、寿命及服役温度等。总的来看，高温合金性能水平的提高依赖于对成分、工艺、组织和性能的综合控制。在这种情况下，深入地研究微量元素在高温合金中的作用机理，通过添加、去除合金中某些微量元素和杂质元素，更加充分地消除某些元素的有害影响，利用其有益作用，找到改善和提高高温合金使用性能的新方法，具有重要的意义。

表1-1 高温合金中微量元素的分类[24-25]

比伯和德克尔[24]	
1. 部分固溶，有损加工性能	Li, Tl, Sn, Pb, N, As, Sb, Bi, S, Se, Te
2. 溶解度 < 0.5%，少量有益，过量有害	Mg, Ca, Sr, Ba, B, Zr, Hf, P
3. 溶解度 < 0.5%，过量有害	C, O
4. 溶解度 > 0.5%，可作为主要合金化元素	Be, Al, Ti, V, Nb, Ta, Cr, Mo, W, Mn, Re, Fe, Co, Pt, Cu, Ag, Au, Si
霍尔特和沃拉斯[25]	
有害元素	
1. 残余气体	O, H, N, Ar, He
2. 非金属杂质	S, P
3. 金属和类金属杂质	Pb, Bi, Sb, As, Se, Ag, Cu, Tl, Te
有益元素	
1. 净化剂	Ca, Mg, Ce, La
2. 微量添加有益	B, Zr, Hf, Mg, C
3. 添加量可达 1.5%	Hf, Zr

1.2.1 高温合金中P的来源

P是高温合金中常见的残余元素之一，主要来自添加合金元素的原材料。高温合金中的合金元素都是从天然矿物中冶炼而来的，P在这些合金元素中的含量取决于其在矿物中的含量与冶炼工艺。根据相关文献的研究[7]，P在Ni中的含量为0.000 05%~0.000 1%，在Co中的含量为0.000 1%~0.001%，在Cr中的含量小于0.005%。高温合金中的铁一般选用优质工业纯铁，其P含量可以达到0.001%以下。随着提纯技术和工艺的改进，P在合金原材料中的含量还可以进一步降低。由于P很难在真空冶炼过程中去除，所以目前降低高温合金中的P含量主要依靠选择纯净度高的优质合金原材料来实现。

1.2.2 P 在高温合金中的作用研究

对 P 的作用的认识在一定程度上受到了有关钢的研究的影响。P 在钢中的有害作用，诸如沿晶脆性、回火脆性等早已为人们所熟知 [26-28]。传统观念认为，P 显著恶化高温合金的力学性能，加剧高温合金的凝固偏析，促进有害相生成，因此一般把 P 含量严格控制在 0.015% 以下。朱（Zhu）等人严格控制 P 等微量元素含量而开发出低偏析合金，由此可以进一步提高合金化程度 [29-31]。事实上，从 20 世纪 70 年代开始，在高温合金中陆续发现了 P 的有益作用。比伯和德克尔等人发现少量的 P 能提升镍基高温合金的锻造性能 [24]。科尼特（Cornet）等人观察到添加 P 能增加 IN600 合金的晶界强度，降低其沿晶开裂程度 [32]。沃斯（Was）和宋（Sung）等人的研究表明，P 能提高 IN600 合金的蠕变抗力，抑制其在 360 ℃高纯水、360 ℃氩以及 140 ℃氢氧化纳溶液中的沿晶开裂 [33-35]。不过，由于这些研究大多数与氢脆、液态金属脆化或沿晶应力腐蚀开裂等特殊现象有关，因此 P 对某些高温合金可能有益的问题未能引起人们的足够重视。直到 1993 年，中国科学院金属研究所的研究人员发现在 GH761 合金中，当 P 含量由 0.005% 增加到 0.016% 时，其在 650 ℃ /637 MPa 条件下的持久寿命显著提高；当 P 含量超过 0.016% 时，持久寿命又迅速降低 [36-38]。曹（Cao）和肯尼迪（Kennedy）在 1994 年也在 IN718 合金中发现了 P 的相似作用 [39-40]。这些研究结果改变了单纯把 P 作为有害元素的认识，引起了人们对 P 在高温合金中的作用的极大兴趣，P 的作用机理研究成为近年来变形高温合金领域中的热门课题之一。此后，科研工作者开展了一系列研究工作，并陆续在其他高温合金中发现了 P 的有益作用 [41-46]。

1.3 P对高温合金组织和性能的影响

1.3.1 P对铸态组织及铸造合金力学性能的影响

研究认为，P在高温合金基体中的溶解度很低，几乎不溶于合金的γ基体；同时，在已有的关于P在多种高温合金中的偏析和影响行为研究中，尚未发现它在合金凝固的早期形成化合物[47-48]。相关研究[49]发现P是表面活性较强的元素，可以显著地降低Ni-P、Ni-Zr-P系的表面张力。因此，在凝固过程中，P大量向剩余液体中偏聚，促进元素偏析和有害相析出，并显著降低合金的终凝温度。有研究认为[10, 50]，在K4169合金中，P降低了合金的终凝温度，扩大了凝固温度的范围，促进了Nb和Mo等元素偏析，并促进了Laves相析出。在K17G合金中，P降低合金的初熔温度，促进元素Ti和Al偏析，导致（$\gamma+\gamma'$）共晶数量增多[51]。在GH761合金中，P促进Ni、Ti、Si等元素的偏析，并促进η–Ni_3Ti相析出。在IN706合金中，P促进Nb和Ti的偏析，从而促进枝晶间Laves相和η相的析出[13]。P作为一种非金属元素，具有一定的电负性，在合金的熔体中有可能和Nb、Ti等活泼金属元素以弱键结合而形成一些原子团簇，向剩余液体中共同扩散，进而加剧这些元素的偏析程度。

周（Zhou）等人[10, 50]研究了P对K4169铸造高温合金力学性能的影响。P含量对合金室温拉伸性能的影响如图1-2(a)所示，当P含量小于或等于0.008%时，对合金的瞬时拉伸性能影响不大；当P含量超过0.008%时，合金的拉伸强度、延伸率和面缩率均下降。P含量对合金在650 ℃时拉伸性能的影响如图1-2(b)所示，当P含量小于或等于0.008%时，合金的拉伸强度略有上升，塑性稍有下降；当P含量大于0.008%时，合金的强度和塑性均下降。P含量对合金在650 ℃/620 MPa条件下的持久性能的影响如图1-2(c)所示，随着P含量的增加，合金的持久寿命和持久塑性均降低。在合金的持久断口上发现K4169合金表现出严重的枝晶间断裂特征。随着P含量增加，脆性断裂的趋势增大，合金的塑性更低。该研究将P含量对K4169力学性能的影响归因于P促进Laves相形成。作为一种有害相，一方面，Laves 相消耗大量的 Nb，导致合金析出的强化相 γ''（Ni_3Nb）相数量减少，从而降低了合金的强度；另一方面，Laves 相是一种脆性相，它作为裂纹形核和扩展源降低了合金的塑性[10, 50]。

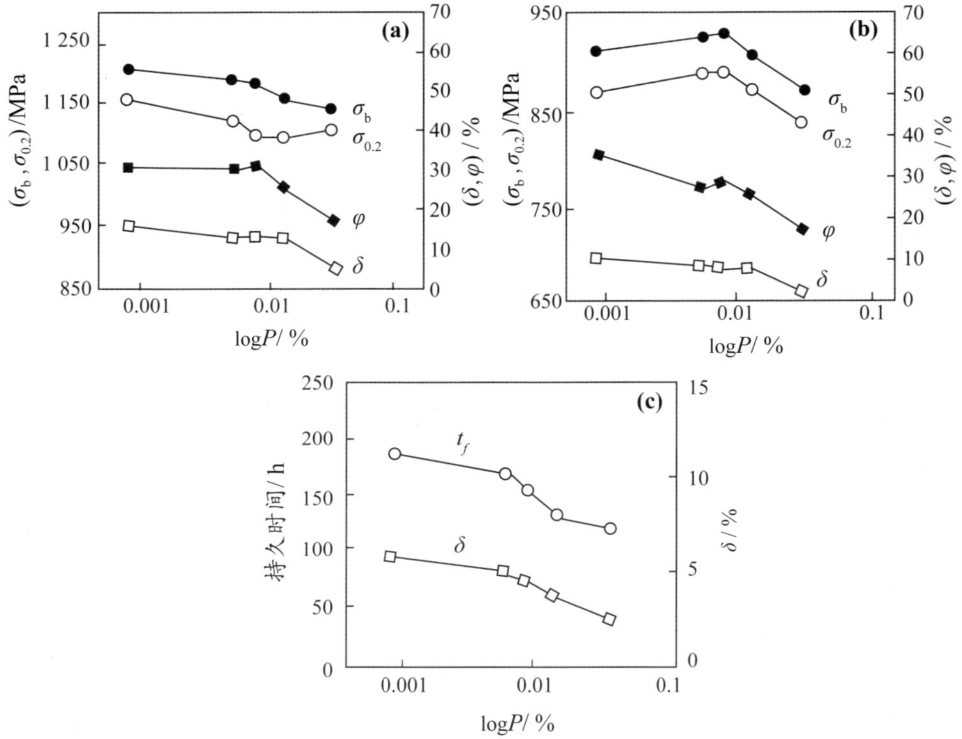

图1-2　P 含量对 K4169 合金力学性能的影响[10,50]

(a) 室温拉伸性能；(b) 650 ℃拉伸性能；(c) 650 ℃ /620 MPa 条件下持久性能。

徐（Xu）等人[51-52]研究了微量元素对 Ni 基等轴晶铸造高温合金 K17G 持久性能的影响，当合金中含有微量元素 B 和 Zr 时，P 含量对 K17G 合金在760 ℃ /647 MPa 条件下持久性能的影响如图1-3所示，随着合金中的 P 含量增加，合金的持久寿命下降。当合金中不含有 B 和 Zr 时，如图1-4所示，在960 ℃ /235 MPa 和960 ℃ /206 MPa 两种条件下，随着 P 含量的增加，合金的持久寿命和延伸率都不断增加，当P 含量为0.017%时达到峰值，当P 含量升高到0.038%时持久寿命下降。这是首次在铸造高温合金中发现 P 对高温持久性能存在有益作用。徐等人认为 P

在晶界偏聚，抑制了晶界扩散，同时降低了晶界结合力，两方面综合作用的结果决定了P元素对持久性能的作用是有益还是有害。此外，由于元素B和Zr的存在加重了K17G合金的成分偏析程度，使得P的有益作用被抵消。

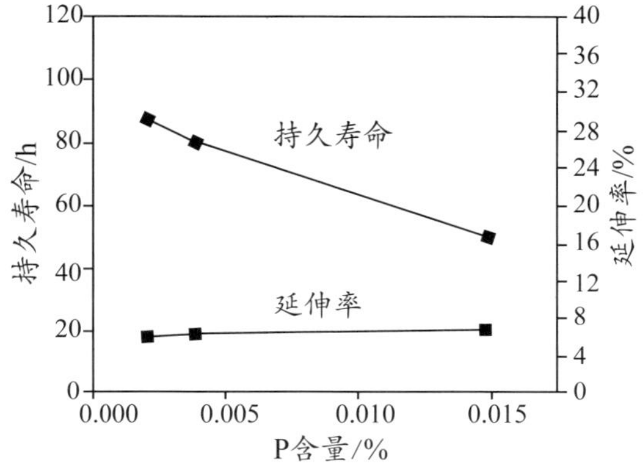

图1-3　P含量对K17G合金在760 ℃/647 MPa条件下持久性能的影响[51-52]

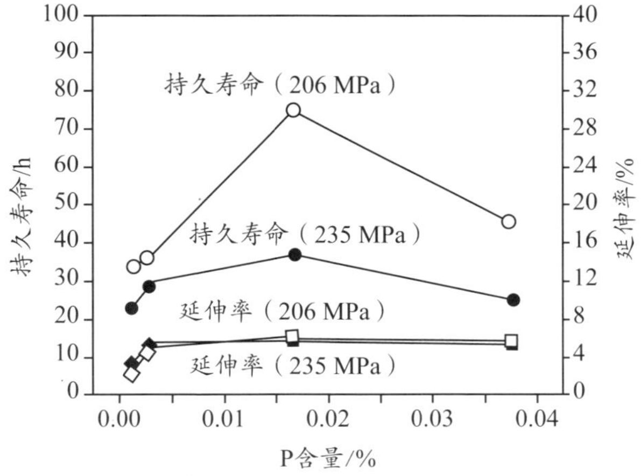

图1-4　P含量对K17G合金在950 ℃/235 MPa和950 ℃/206 MPa条件下持久性能的影响[51-52]

虽然在铸造高温合金中发现了P的有益作用，但这种有益作用的程度不及在变形高温合金中的程度(见1.3.2)。在铸造高温合金中很难发现P的有益作用，是因为P本身会促进凝固偏析和有害相析出，元素偏析所带来的不利影响会掩盖P的有益作用。

1.3.2 P对变形高温合金组织和力学性能的影响

1.3.2.1 P的晶界偏聚行为

元素(特别是微量元素)在晶界处的偏聚对工程材料的组织和力学行为有着重要的影响，多年来一直是材料科学工作者感兴趣的课题[53-58]。晶界偏聚现象可以分为平衡偏聚和非平衡偏聚两类[59-60]。20世纪50年代，英国学者麦克莱恩(Mclean)提出了平衡晶界偏聚理论[54, 61]：由于晶界区域和晶内区域的结构有所不同，有些溶质原子占据晶界位置，降低体系的自由能，因此，当体系处于热平衡状态时，这些溶质在晶界的浓度高于晶内浓度，此时原子仍然保持固溶状态，这就形成了溶质的平衡晶界偏聚。根据麦克莱恩的平衡偏聚理论，溶质原子的富集程度只取决于系统的平衡参数，与材料经历的历史过程无关，在一定温度下有一定的平衡偏聚量，随温度升高，偏聚量下降。平衡偏聚是一种热力学平衡现象[62]。20世纪60年代末，奥斯特(Aust)等人发现了另外一种晶界偏聚现象，即固溶处理温度越高冷却后晶界偏聚浓度越高。这种晶界偏聚浓度与固溶处理温度之间的依存关系和麦克莱恩的平衡晶界偏聚理论相反，被称为非平衡晶界偏聚[63-64]。奥斯特等人推测，非平衡晶界偏聚的发生是由于晶界是良好的空位阱，在冷却过程中空位和某些溶质原子形成复合体向晶界扩散，最终空位消失于晶界，却将溶质原子带到晶界，超过平衡晶界偏聚浓度的溶质原子聚集在晶界处，形成非平衡晶界偏聚。非平衡偏聚是一种动力学过程。徐庭栋等人[65-66]指出金属材料在高温恒温均匀化处理后以确定的冷却速率冷却到室温，在均匀化阶段会发生平衡晶界偏聚，在冷却至室温的阶段亦发生晶界偏聚，以非平衡偏聚为主。对于既发生非平衡偏聚又发生平衡偏聚的溶质元素，此过程引起的晶界偏聚应是这两阶段发生偏聚的复合。

由于P在高温合金中的重要作用，近年来科研工作者对P在合金中的晶界偏聚以及分布进行了全面而深入的研究。原子探针层析技术(Atom Probe Tomography, APT)具有原子尺度的分辨率，能够在纳米尺度空间内对原子的种类和位置进行表征。利用原子探针层析技术研究P在高温合金中的分布，获得了以下重要的实验结果。阿拉姆(Alam)等人[67]观察了IN718合金在1 050 ℃条件下固溶30~45 min

水冷后P的分布情况，证实了P的晶界偏聚特性，并且发现C的添加对P的偏聚量没有明显影响。王（Wang）等人[45]表征了P在经过标准热处理后的718Plus中的分布。如图1-5和图1-6所示，P除了主要偏聚在晶界外，还在δ/γ相界偏聚（见图1-5），但未发现P在γ'/γ、γ'/γ'界面富集（见图1-6）。平（Ping）等人[68]观察了IN718合金在600 ℃条件下服役超过10 000小时以上后的晶界特征，实验结果表明，P在晶界上发生了偏聚，偏聚量为2%（原子分数），但在γ'/γ、γ''/γ、γ'/γ''界面则没有发现P元素偏聚。

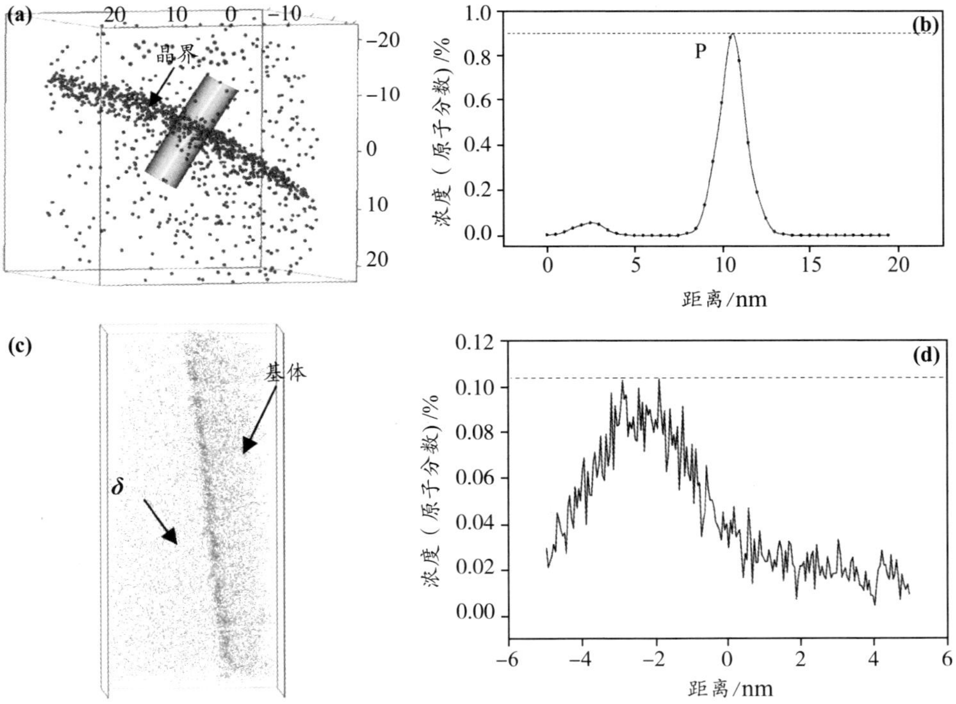

图1-5　P原子在718Plus合金中的分布[45]

(a)(b)晶界；(c)(d)δ/γ界面。

俄歇电子能谱仪能够获得材料样品表面数层原子中的成分信息。将高温合金样品充氢并在真空中沿晶打断，就可以用俄歇电子能谱仪直接精确地测量溶质原子在晶界处的偏聚浓度。借助于这种技术，郑（Zheng）等人[69]测量了IN718合金中P的晶界偏聚量，发现在不同固溶温度（1 200 ℃和1 020 ℃）、相同时效温度

（720 ℃）热处理后，固溶温度高的样品中 P 的晶界偏聚量较固溶温度低的样品更多。Wang 等人[70]将一种 Ni-Fe-Cr 基变形高温合金在1 180 ℃固溶水冷后又在500 ℃下分别保温20 min 到60 000 min，发现在时效180 min 时 P 的晶界偏聚量达到最大。此外，P 与其他元素的共偏聚也引起了人们的关注。Dong 等人[71]利用俄歇电子能谱仪在标准热处理的 IN718 合金中发现了 P 与 Mo、Nb 的晶界共偏聚现象，即 Mo 和 Nb 的晶界浓度随着 P 晶界浓度的增加而增加。

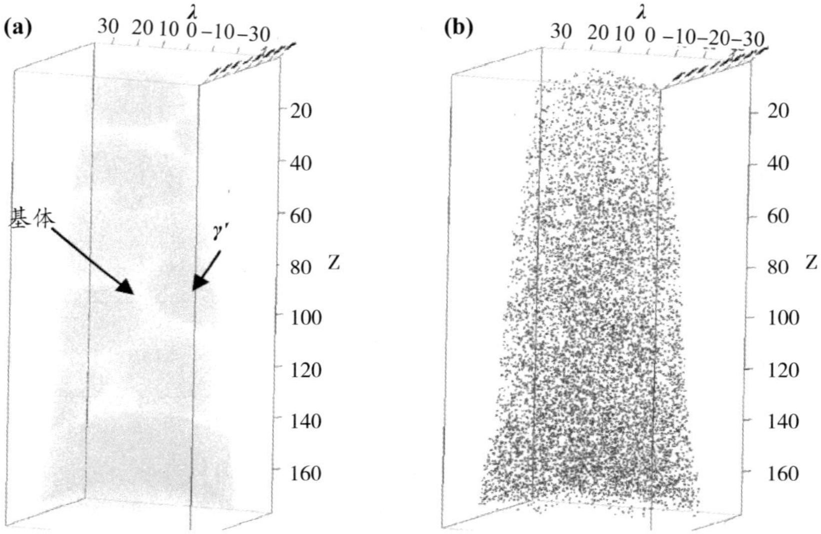

图1-6　P 原子在718Plus 合金中的分布Ⅱ[45]

(a) Al 在基体和 γ′ 相中；(b) P 在基体和 γ′ 相中。

许多研究者认为，P 对高温合金力学性能的影响是一种晶界作用，并且是 P 偏聚到晶界上引起的直接作用。根据晶界偏聚理论，热处理温度、冷却速度、热加工等都会对合金溶质原子的晶界偏聚量产生很大影响。目前尚不能确定 P 是否还有其他重要的影响作用，以及各种影响作用之间的相互关系，但 P 对晶界的影响无疑是最重要的问题之一。因此，研究 P 晶界偏聚与影响因素之间的关系，进而研究 P 的分布与合金性能之间的关系，可以更加有效地改善合金性能，并且更加准确地掌握 P 的作用机理。

1.3.2.2 P对热处理组织的影响

1. 对晶界析出相的影响

研究认为[42, 45, 72]，对于IN718和718Plus合金，其晶界强化相为δ–Ni_3Nb相，P除了在晶界偏聚，也大量富集于δ–Ni_3Nb相与γ基体的相界处[45]。原子探针层析定量分析结果显示，P高度不溶于δ–Ni_3Nb相，在体浓度为0.022%的718Plus合金中，δ–Ni_3Nb相的P含量仅为0.000 7%[45]。δ相在晶界析出时必须将P原子从原位扩散至很低浓度才能进行，因此P在晶界处偏聚将降低δ相的形核率[72]。相关研究[41]表明，在IN718合金中，低P合金由于晶界形核率高，容易长成由细小颗粒组成的膜状δ–Ni_3Nb相，诱发裂纹沿晶界萌生和扩展。高P合金由于δ–Ni_3Nb相核心较少，易形成沿晶界延伸的板条状相，这种形态有利于阻碍晶界裂纹的萌生和扩展。但P含量过高时，晶界易形成P化物，从而降低晶界强度[73]。

对于GH761合金，其晶界强化相主要包括MC和$M_{23}C_6$型碳化物，以及M_3B_2型硼化物[38]。P可以溶解于$M_{23}C_6$或M_3B_2微量相中，并提高这两种相的析出量。此外，P偏聚于GH761合金晶界降低了晶界能，从而降低了M_3B_2和$M_{23}C_6$晶界析出相的形核能，提高了其形核率。当P含量较低时，由于形核能较高，并且P、B、C总量不足，M_3B_2和$M_{23}C_6$晶界相析出不足，晶界强化效果不充分。当P含量过高时，形核能显著降低，易析出细小成片的膜状M_3B_2和$M_{23}C_6$相，这种不利的析出形态和过量的晶界析出降低了合金的晶界强度。当P含量合适时（0.016%），M_3B_2和$M_{23}C_6$相大小适合、间距合理，能有效地提高合金晶界强度[38, 48, 73]。

此外，研究发现，在GH984合金中，P会减小$M_{23}C_6$晶界相的尺寸、增加其密度并抑制700 ℃长期时效下晶界$M_{23}C_6$相的长大[44]。在HT700合金中，P会促进合金晶界$M_{23}C_6$相析出，并改善其形态。在低P含量的合金中，晶界$M_{23}C_6$相以棒状为主，颗粒状$M_{23}C_6$极其少见。随着P含量的增加，晶界$M_{23}C_6$相增多，且多以细小的颗粒状形态存在[46]。

2. 对晶内强化相的影响

刘（Liu）等人[42]的研究认为，IN718合金经过标准热处理（960 ℃/1 h，空冷，

720 ℃ /8 h，炉冷，620 ℃ /8 h，空冷)后，P 对 γ'' 相的数量和分布没有影响。王等人[45]也观察到 718Plus 合金经过标准热处理(960 ℃ /1 h，空冷，788 ℃ /8 h，炉冷，704 ℃ /8 h，空冷)后，不同 P 含量合金中 γ' 相的数量和尺寸分布没有明显差别。但是，黄（Huang）等人[74-75]对经过680 ℃时效3 000 h 的 DA718 合金进行观察发现 P 含量高的合金中 γ'' 相更为细小，研究者认为 P 通过降低 Nb 原子在基体中的扩散系数阻碍 γ'' 相的粗化。魏（Wei）等人[76-77]发现，P 可以提高 GH761 合金高温固溶水淬组织的基体强度。值得指出的是，由于普遍认为 P 主要偏聚于晶界，且在 γ'、γ'' 相中的溶解度很低，因此目前关于 P 对合金晶内组织及机理的研究尚不够深入。

3. 对断口组织的影响

相关研究[38]对标准热处理(1 120 ℃ /2 h，水冷，850 ℃ /4 h，空冷，750 ℃ /24 h，空冷)态的 GH761 合金，在650 ℃ /637 MPa 条件下持久实验后的断口进行了观察，发现不同 P 含量的合金都呈现典型的沿晶断裂模式。当 P 含量极低（0.000 5%）时，断口表面的晶界面十分光滑，说明晶界结合力比较弱；而 P 含量为0.016% 时，断口表面的晶界面上有很多塑性变形的痕迹，说明晶界结合比较牢固，研究者把这归因于 P 对晶界析出的改善作用。

在IN718合金中，经标准热处理(954 ℃ /1 h，空冷，718 ℃ /8 h，炉冷，621 ℃ /8 h，空冷)后，在649 ℃ /669 MPa 条件下进行持久实验，曹等人[39]观察到极低 P 含量(0.000 7%）合金自试样表面沿晶开裂，并逐步过渡到最终穿晶瞬间断裂；P 含量提高至0.003%，实验结果显示断裂方式变成完全沿晶断裂。提高实验应力，在649 ℃ /773 MPa 进行持久实验，发现其断裂基本上是穿晶韧窝断裂，与高 P 含量（0.022%）合金相比，常规 IN718（0.007%）合金的晶界孔洞数目多、尺寸小。

王等人[45]研究发现718Plus 合金经过标准热处理(960 ℃ /1 h，空冷，788 ℃ /8 h，炉冷，704 ℃ /8 h，空冷)，在704 ℃ /690 MPa 持久断裂后，不同 P 含量合金持久断口均呈现典型的穿晶韧窝断裂，但是随着 P 含量的增加，韧窝的深度变浅，持久塑性降低。

相关研究[78]发现，直接时效（750 ℃ /16 h）的细晶 GH4133 合金经过 700 ℃ / 500 MPa 持久实验后，低 P 含量（0.001% 和 0.011%）合金的持久断口表面呈现典型的穿晶断裂特征，塑性变形较强烈；随着 P 含量升高，断口表面塑性变形的痕迹减少，沿晶断裂的特征增强；P 含量升至 0.014% 时，断口部分区域呈现明显的沿晶断裂特征。

在一种低膨胀高温合金 Thermal-span 中，孙（Sun）等人[79]观察到合金在 1 093 ℃固溶后，晶界和晶内析出许多细小的富 P 相，经 650 ℃ /600 MPa 持久断裂后，低 P 含量（0.001%）合金的断口上看不到明显的沿晶断裂区，而高 P 含量（0.023%）合金的试样断口的边缘则出现了明显的沿晶断裂区，表明 P 显著增大了沿晶断裂的倾向。当合金在 1 160 ℃固溶后，晶界上的富 P 相已经消失，仅在晶内存在少量富 P 相，这时观察 P 对断口组织的影响，发现随着 P 含量增加，合金的沿晶断裂区面积减小，晶界面上呈现更多撕裂的痕迹。这个实验结果表明，在同一种持久实验条件下，P 的分布形态（原子态或者析出相）对合金断裂形式具有重要的影响。

1.3.2.3　P 对力学性能的影响

1. 持久性能

目前关于 P 对高温合金力学性能影响的研究中，针对持久性能的研究最多，P 的有益作用最初就是在持久实验中被发现的。通过对相关研究结果进行归纳总结，发现 P 的作用具有以下特征：

（1）P 的作用具有合金选择效应。如图 1-7 所示，在 GH761 和 IN718 中，合金经过标准热处理后，适量的 P 能成倍地提高合金的持久寿命，对持久塑性影响不大[38, 72]。此外，P 在细晶 GH761、DA718 合金中仍然表现出明显的有益作用[74, 76, 80]。然而，在 GH4133 合金中 P 的有益作用微弱[78]。在 IN783 合金中添加 P 甚至会导致合金持久寿命显著下降[81–82]。显然，P 在高温合金中的作用性质依赖于合金体系。在不同的高温合金体系中，P 的添加对持久寿命的影响程度并不相同，甚至表现出截然相反的作用趋势。

(2) P 的有益作用存在一个最佳含量，在最佳 P 含量条件下合金持久寿命达到峰值，P 含量过高或过低，持久寿命都有所下降。如图 1-7(a) 所示的 GH761 合金峰值所对应的 P 含量在 0.016% 左右，而图 1-7(b) 所示的变形 IN718 合金峰值所对应的 P 含量在 0.025% 附近，图 1-7(c) 所示的 GH4133 合金峰值所对应的 P 含量在 0.011% 附近。峰值效应意味着 P 的作用可能同时存在有益和有害两方面因素。因此，在确定 P 的作用性质时，应该明确合金中的 P 含量。

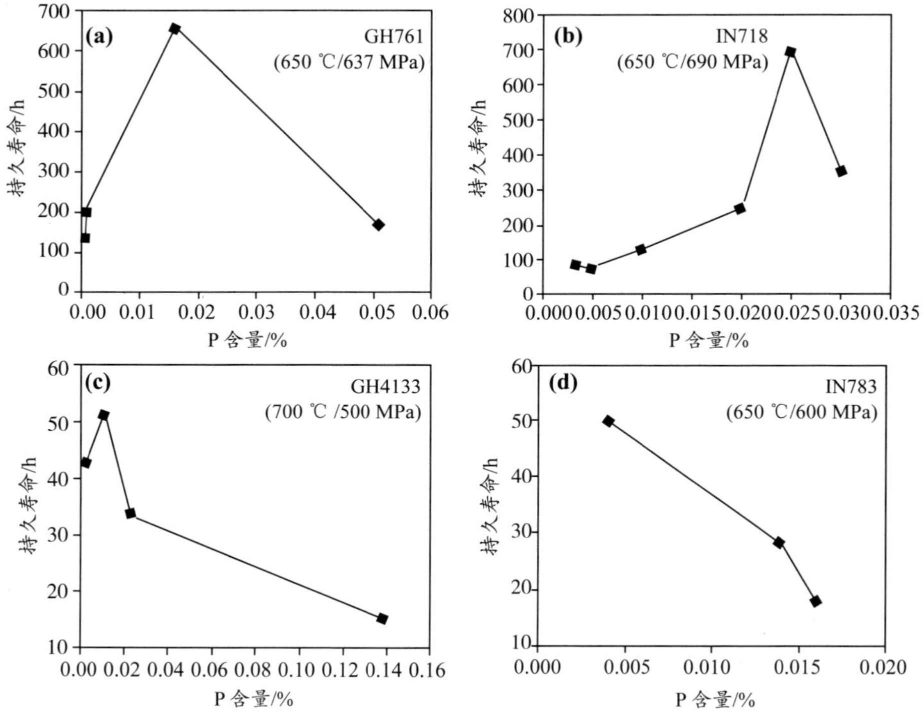

图 1-7　P 对几种典型高温合金持久性能的影响 [38,72,78,81]

(a) GH761；(b) IN718；(c) GH4133；(d) IN783。

(3) P 的作用与合金的加工历史有关。P 对铸态和锻态 IN718 合金 650 ℃持久性能的作用性质不同 [10, 37]。由图 1-8 可见，锻造、轧制热加工不仅能消除 P 在铸造合金中的有害作用，而且能明显改善 P 的作用性质。

(4) P 与 B 之间的交互作用。曹等人 [40] 研究了 P 对 Wasploy 合金持久性能的影响，发现 P 与 B 之间具有较强的交互作用，即 B 能显著强化 P 的有益作用。

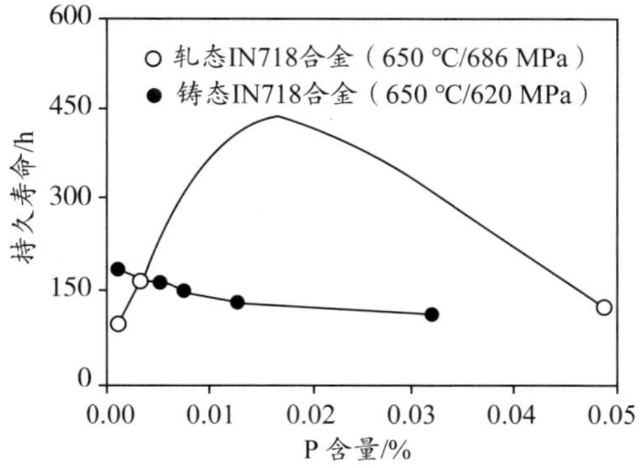

图1-8 P对铸态及轧态IN718合金持久性能的影响[10, 37]

2. 蠕变性能

宋宏伟等人[83-84]研究了P含量对IN718合金蠕变性能的影响，如图1-9所示。实验结果表明，P对蠕变第一阶段的影响不大，对第二阶段的影响显著，P大大降低了IN718合金的稳态蠕变速率，明显提高了合金的蠕变抗力并延缓了蠕变进程，改变实验温度和应力并不改变P对蠕变速率的影响规律。P对应力指数没有明显影响，其主要作用在于提高了表观蠕变激活能：添加0.02% P使常规IN718合金的表观蠕变激活能由678.5 kJ/mol提高到746.1 kJ/mol。

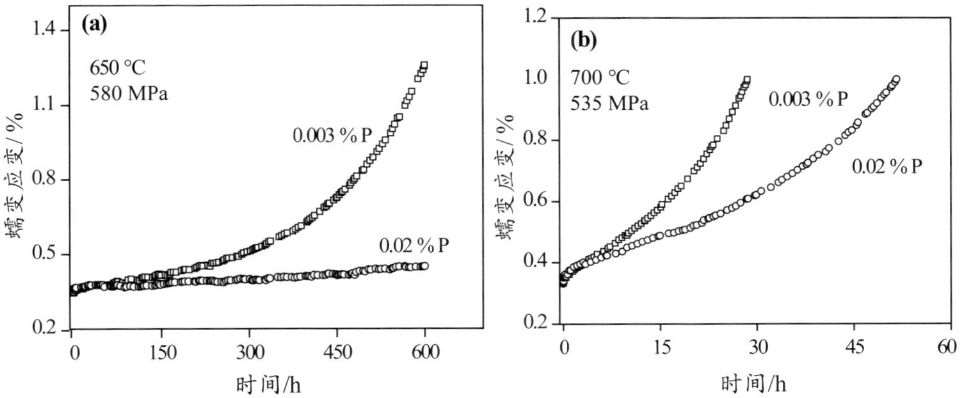

图1-9 P含量对IN718合金蠕变性能的影响[83]

(a) 650 ℃/580 MPa条件下的蠕变曲线；(b) 700 ℃/535 MPa条件下的蠕变曲线。

如图1-10所示[83]，P 对蠕变性能的影响也存在最佳含量，虽然加入过多的 P（0.053%）会使性能下降，但仍然高于低 P 含量（0.000 8%）合金的性能值；并且低 P 含量合金的断裂时间远短于高 P 含量合金，进一步肯定了增加 P 含量对合金的有益作用。

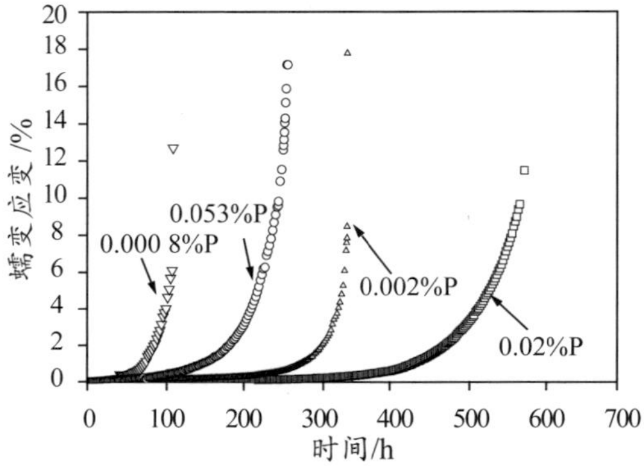

图 1-10　P 含量对 IN718 合金蠕变性能的影响[83]

注：650 ℃ /690 MPa 条件下实验。

李娜（Li）等人[85-87]对直接时效的 IN718 合金在不同条件下进行了大量的蠕变实验，发现添加适量 P 或同时添加适量 P 和 B，合金蠕变性能都能得到显著提高，而且同时添加 P 和 B 比单独添加 P 能更显著地延长蠕变曲线的第二阶段；其影响趋势与标准热处理条件下增加相应含量的 P 或同时增加适量 P 和 B 对该合金的影响结果一致，说明直接时效热处理条件下不改变 P 以及 P 和 B 的主要有益作用。

3. 拉伸性能

研究认为[37, 72, 85]，P 对 IN718、GH761 等合金标准热处理组织的室温以及高温拉伸性能没有明显影响，如图1-11、图1-12所示。由于经过时效处理后，合金中的强化相已充分析出，同时考虑到 P 在合金内的分布规律受热处理制度的影响非常大，P 对这些合金的拉伸性能没有影响并不表示 P 对合金的基体及强化相的析出没有影响，考察 P 对晶内组织及拉伸性能的影响还需要有针对性地设计热处理实验，与 P 在组织中的分布联系在一起来进行深入研究。

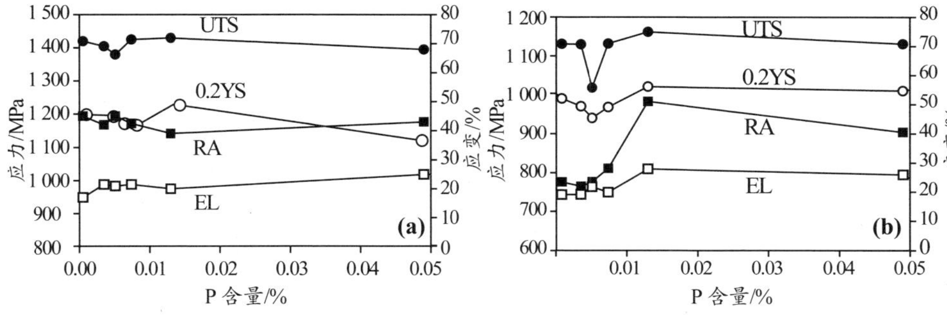

图1-11 P对IN718合金室温和650 ℃拉伸性能的影响[37]

(a) 在室温条件下；(b) 在650 ℃条件下。

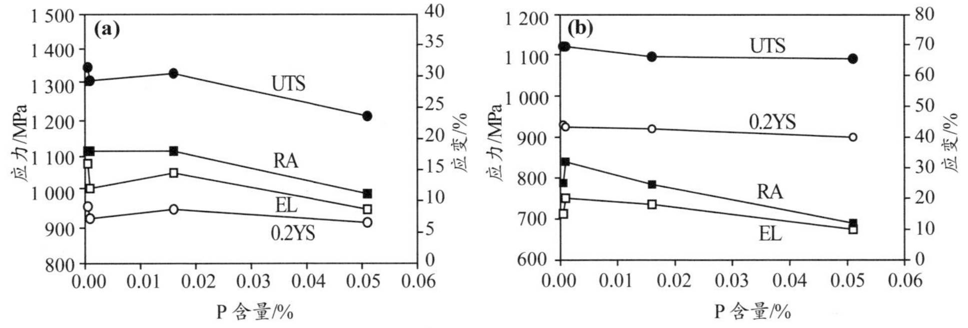

图1-12 P对GH761合金室温和650 ℃拉伸性能的影响[37]

(a) 在室温条件下；(b) 在650 ℃条件下。

4. 冲击性能

P对IN718和GH761合金的室温冲击韧性的影响如图1-13所示[76]。由图1-13可以看出，P有降低室温冲击韧性的趋势。这一趋势与P对钢的影响趋势是一致的。不过，与对钢冲击韧性的影响相比，P对高温合金冲击韧性的影响是比较微弱的。但与钢不同，在上述实验的P含量水平内(见图1-13)，高温合金的冲击断口均为穿晶断口。因此，P对合金晶界的影响可能只是其作用的一方面，而P对晶内组织的影响也不能忽视，只有将P的晶界和晶内影响结合考虑，才能更加全面地理解P影响合金性能的作用机理。

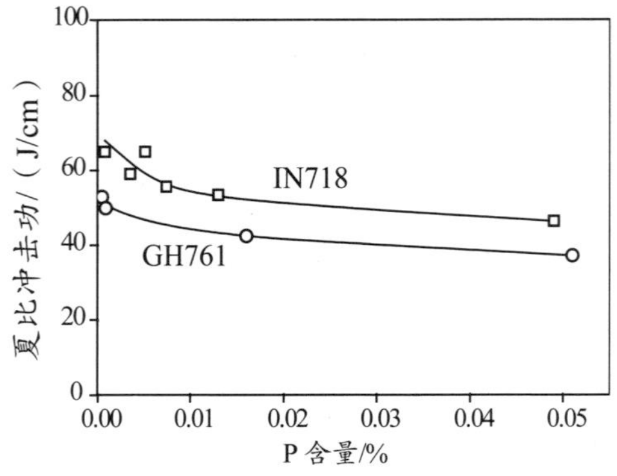

图 1-13　P 对 IN718 和 GH761 合金室温冲击韧性的影响 [76]

1.4　P 对高温合金的作用机理研究

P 在高温合金中的作用机理是十分复杂的，一方面，高温合金中的化学元素和显微组织种类繁多，各种合金元素和组织对 P 的作用会产生不同的影响，甚至可能会改变 P 的作用性质；另一方面，P 在高温合金中的作用显著地表现在高温力学性能上，而在高温实验条件下，其组织和性能都处于动态变化之中。例如，在高温条件下可能会发生合金元素的再分配、偏聚、解偏聚、相析出、扩散、晶界的滑动或迁移等，这给探讨 P 对高温合金的作用机理带来了极大的困难。二十多年来，科研工作者对于 P 的影响机制进行了多方面的探索。总的来说，P 的主要作用分为对晶界的影响和对晶内的影响两方面。

1.4.1　P 对晶界的强化机理

1. 对晶界能的影响

洪德罗斯（Hondros）和谢（Seah）[88] 定义了晶界偏析系数 β_b，β_b 代表溶质元素的晶界浓度和基体浓度之比：

$$\beta_b=K/(x_c^0) \qquad (1\text{-}1)$$

式中：$K=\exp(-G'/RT)$，G' 代表溶解热，RT 代表热能，x_c^0 代表溶质元素的溶解度。

晶界能 γ 和溶质元素的溶解度服从下面的关系式：

$$\frac{\partial_{\gamma}}{\partial_{x_c}}\bigg|_{x_c \to 0} = -RT\Gamma_s^0 \beta_b = -K\frac{RT}{x_c^0}\Gamma_s^0 \qquad (1\text{-}2)$$

式中：Γ_s^0 是溶质原子在晶界上形成单原子层的溶质原子浓度。

由式(1-2)可知，溶质原子降低晶界能 γ 的程度取决于其在溶剂中的溶解度 x_c^0。P 在高温合金基体中的溶解度很低，降低晶界能的作用应该很强烈。

2. 对晶界结合力的影响

微量元素的晶界偏聚对晶界结合力的影响是一个复杂的问题。随着元素种类发生变化，晶界偏聚既可能是有益的，也可能是有害的。关于 P 对晶界结合力的影响，不同的研究者之间存在着明显的分歧。谢 [89] 认为元素升华热的相对值可以定性地反映一种元素的偏聚是增强还是削弱晶界的结合力；另外，元素偏聚还可以影响晶界的最近邻键合长度。谢综合了以上两种影响因素，对 P 偏聚对 Ni 的晶界结合力的影响给出了定性的结果。当不与其他元素发生反应时，P 偏聚于晶界会增加晶界脆性，降低 Ni 的晶界结合力。然而，山口（Yamaguchi）等人 [90] 采用第一原理模拟计算研究了 P 对 Ni 晶界结合力的影响，却得到完全相反的结果。他们的研究发现，虽然 P 易于偏聚于 Ni 的晶界处，降低晶界能，但是会提高 Ni 的晶界结合力。近期刘等人 [91] 同样采用第一原理证实了 P 对 Ni 晶界结合力的增强作用，P 与周围的 Ni 原子以共价键的形式结合强化晶界；他们进一步发现 P 在 Ni 中的晶界偏聚浓度存在一个最佳浓度，过高的 P 含量将导致 P 原子之间的相互排斥从而降低晶界结合力。在已有的报道中，曹、刘及王等人 [39, 42, 45] 均将 P 对高温合金持久性能的有益作用归因于晶界结合力的提高。

3. 对晶界扩散的影响

溶质元素对晶界扩散的影响如式(1-3)：

$$D_b^* = D_b\left[1+\left(b_v - \frac{2}{m}\frac{a_1^2}{a_2^2}\beta_b\right)x_c\right] \qquad (1\text{-}3)$$

式中：D_b^* 和 D_b 分别是添加溶质元素的合金和参考合金的晶界扩散系数；a_1 和 a_2

是溶剂和溶质原子的半径；x_c 是溶质原子的体浓度；m 是远小于1的常数；b_v 是常数，其值在10～100之间，b_v 与溶质原子的体扩散有关；β_b 为晶界偏析系数。对于P等强烈偏聚的元素，晶界偏析系数 β_b 的值较大，从而使晶界扩散系数降低，晶界扩散被大大抑制[22]。

高温持久过程中，环境中的氧将沿晶界向试样内部扩散，而P在晶界偏聚将阻碍氧的沿晶扩散。有证据表明，在IN718和GH761合金中，低P含量合金持久试样极易形成脆性晶界氧化物，导致试样表面沿晶开裂，即持久裂纹在试样表面萌生，向心部扩展。P含量升高后，表面晶界氧化显著减轻，持久裂纹转而在试样心部萌生。P强烈抑制了合金持久试样表面晶界的氧化和开裂[38, 41]。

理论分析和计算表明，在IN718中添加0.02%的P可以使晶界扩散激活能由276.1 kJ/mol提高到349.8 kJ/mol。因此，P可以通过降低晶界扩散速率来提高合金的持久寿命[73]。

1.4.2 P 对晶内的强化机理

微量元素在合金中的含量很低，一般通过偏聚的方式对合金产生影响。由于持久断裂大多是沿晶断裂，所以一般认为微量元素对合金的影响主要是对晶界的影响。但除了晶界以外，P还可以偏聚于合金的相界、层错、孪晶界和位错等处。因此，在关注P对晶界影响的同时，不应忽视P对晶内的影响。只有晶界和晶内强度达到良好配合的合金才有可能表现出最佳的力学性能。

P偏聚到位错和空位等缺陷处，对合金中的位错运动、空位扩散等都有一定的影响。研究发现[76]，P能明显提高GH761合金高温固溶水淬组织的拉伸屈服强度以及室温硬度。不同P含量合金650 ℃拉伸断口附近的位错形态差别明显，P含量为0.000 7%时，位错较多，呈平行的滑移线，说明位错容易开动和滑移，因而基体较容易变形；而P含量为0.023%时，位错分布很紊乱，说明其在晶内的运动受到了阻碍。因此，偏聚到位错处的P对位错产生钉扎作用，阻碍位错在晶内的运动，增加位错滑移穿越晶界或激发新位错的难度，从而提高合金的屈服应力。

研究表明[92]，IN718 合金的蠕变变形与孪晶变形有关，P 对 IN718 合金中孪晶的形成具有重要的影响。含 0.016% P 的合金具有三个孪生方向，可以很好地协调晶粒之间的变形，减慢晶界裂纹产生的速度并延长合金的持久寿命。P 含量高于或低于 0.016% 的合金，只出现两个方向的孪晶，持久寿命显著降低。孪晶的形成是 IN718 合金软化的一种重要机制[93]。P 不仅可以在合金中的缺陷处偏聚，而且可以在某些特殊的晶面上偏聚，如 P 可以在 Fe 的 {110} 晶面偏聚[94]。P 在某一晶面的偏聚必然会影响孪晶的形成过程，但目前具体的影响机理还不清楚，有待进一步深入研究。

1.4.3 当前研究存在的问题

尽管有关 P 对高温合金影响的研究取得了上述进展，但鉴于 P 的作用的复杂性，目前仍然存在许多问题有待解决，这些问题主要包括：

(1) P 在合金中的分布问题。微量元素 P 添加到合金中后如何分布是关乎 P 作用机制的基本问题。如前所述，目前大多数研究关注的是 P 的晶界偏聚这一特性本身，对合金在热加工和热处理过程中 P 分布的变化缺乏系统的研究。

(2) P 对晶内强化相的影响问题。由于 P 基本不溶于 γ、γ'、γ'' 相，且具有强烈的晶界偏聚倾向，因此之前的研究认为 P 不会影响晶内强化相 γ' 和 γ'' 的析出。事实上，随着温度的升高，P 的溶解度增大。在溶解度增大的情况下，P 是否会对晶内强化相造成影响还存在疑问。

(3) P 在合金中的固溶度问题。如前所述，P 在高温合金中的有益作用存在峰值效应，且不同合金的最佳 P 含量不同，说明 P 对合金力学性能的影响与 P 在合金中的固溶度有关，通过改变 P 的添加量和热处理制度，P 的固溶度随之变化，相应的最佳 P 含量应该也会发生变化。然而，这一问题在已有研究中尚未引起足够重视。

1.5 本书的研究意义和主要内容

1.5.1 IN706 合金简介

IN706合金是美国国际镍公司于20世纪60年代在IN718合金的基础上发展起来的一种沉淀强化型 Ni-Fe-Cr 基变形高温合金[95-97]。该合金晶内强化相为 γ'–Ni_3Al 和 γ''–Ni_3Nb 相，晶界强化相则主要以 η–Ni_3（Ti，Nb）相为主。与 IN718 合金相比，IN706合金降低了 Nb 含量，降低了合金凝固偏析倾向；取消固溶强化元素 Mo，提高了可锻性；降低 Al 含量，避免过时效现象；降低 Ni 含量，增加 Fe 含量，适当降低合金成本；降低 Cr 含量，减小磁导率；降低 C 含量，改善机械加工性能；提高 Ti 含量，保证足够的力学性能。由于 IN706 合金合理的化学配比，兼具冶金缺陷少、成分偏析低、加工性能优异、成本低廉等特点，因而特别适合于制备重型燃机超大尺寸涡轮盘锻件(直径达2 000 mm 以上，所需铸锭直径超过900 mm）[98-101]。

随着经济的发展，世界各国对电力的依赖程度越来越高，而传统的水力和蒸汽发电不利于节能型、可持续社会的构建。因此，洁净、环保、高效的重型燃气轮机发电机组已经成为世界范围内最重要的电力供应途径。然而，我国重型燃机的研制起步较晚，严重依赖进口，不利于国家的能源及国防安全[102–103]。作为重型燃机关键热端部件之一，超大尺寸 IN706 合金涡轮盘的制备技术是当今工业制造技术的前沿和制高点，也是重型燃机研制成败的关键。在这种情况下，IN706合金受到了学者们的广泛关注。因此，选用 IN706合金作为研究对象具有重要的应用价值。

1.5.2 研究意义和主要内容

微量元素 P 在 GH761合金、IN718合金中已被证实可以显著提升合金的持久性能和蠕变性能。IN706合金的化学成分与上述两种合金相近，如表1-2所示，其中 Ni、Fe、Cr 含量与 GH761合金相近，而强化方式与 IN718合金相近，都是通过 Nb、Al、Ti 进行时效强化。因此，研究 P 在 IN706合金中的作用，更易于揭示 P

的作用机理。此外，已有的研究结果表明，在IN706合金中，当P含量超过一定量时，合金中将析出一种含P的相，在本书中称之为“P化物”。毋容置疑，P化物的析出是P原子偏聚到一定浓度的产物。由于加入合金中的P含量非常少，就目前的实验条件而言，要全面地了解P在合金中的分布非常困难，而P化物的析出却可以一定程度地反映P的偏聚情况及P在合金中的分布。

表1-2 IN718、GH761及IN706合金典型成分 （质量分数，%）

合金	Ni	Fe	Cr	Mo	Nb	Ti	Al	W	强化相
IN718	52	19	18	3	5	1	0.5	—	$\gamma'+\gamma''$
GH761	43	33	13	1.6	—	3.6	1.7	3.2	γ'
IN706	41	37	16	—	3	1.8	0.3	—	$\gamma'+\gamma''$

本书研究P在IN706合金中的分布及作用，以期更加深入地了解P在高温合金的微合金化理论，为更加有效地利用P的强化作用、提高合金的使用性能提供依据，因而具有比较重要的理论和现实意义。本书主要研究内容如下：

(1)研究P在IN706合金铸态组织中的分布，以及P对合金铸态组织和均匀化的影响。

(2)研究P在IN706合金中的偏聚与析出规律，考察热处理制度对P化物析出行为的影响。

(3)研究P对IN706合金高温固溶组织晶内强化相和晶界结合力的影响。

(4)研究不同状态下P对IN706合金持久性能的影响。

第2章 P偏聚对IN706合金铸态组织和均匀化的影响

2.1 引 言

大量研究表明，P作为高温合金中常见的微量元素，一方面，在凝固过程中的偏析倾向很大，并且能促进其他元素偏析和有害相析出，降低合金的凝固速度和终凝温度[13, 15, 29-31]；另一方面，在某些变形高温合金中，P能显著提高合金的持久性能和蠕变性能[37, 39, 41]。由于P对合金的铸造性能可能存在的不利影响会影响其在合金中的作用性质，因而研究P对IN706合金铸态组织的影响，对合理控制P的加入量，消除其对铸造性能的不利影响很有帮助。

均匀化处理能减轻合金的微观偏析，获得均匀成分的组织，是改善合金热加工性能、充分发挥合金潜力的关键工艺[104-109]。研究P对铸锭均匀化的影响并制定合理的均匀化制度对下一步研究P对合金形态的组织和性能的影响很有必要。IN706合金铸态组织中的低熔点偏析相主要是Laves相，因此本章在考察P对均匀化的影响时重点关注P对Laves相的熔化和溶解规律的影响。

2.2 实验材料与方法

2.2.1 实验材料

为保证合金成分的一致性，首先采用真空感应炉熔炼一炉IN706母合金，其成分(质量分数,%)为：41.3 Ni，16.21 Cr，1.92 Ti，3.0 Nb，0.37 Al，0.022 C，< 0.001 B，0.002 P，Fe余量。然后切取母合金，分别添加不同含量的P，用真空感应炉将母合金重熔成6炉13 kg重的子合金铸锭，经化学成分分析，各子合金的P含量如表

2-1所示。

表2-1　本章所采用的IN706合金中的P含量（质量分数，%）

合金	1	2	3	4	5	6
P 含量	0.002	0.004	0.007	0.010	0.014	0.025

2.2.2　热处理制度

分别从6个子合金铸锭靠近冒口端同一高度的中心、1/2半径和边缘切取试样，试样尺寸为10 mm × 10 mm × 10 mm。采用高温水淬金相法测定合金中Laves相的熔点温度，具体处理制度为：在1 160 ℃、1 170 ℃、1 180 ℃、1 190 ℃保温30 min后水淬，分析试样熔化情况。

选取试样在1 160 ℃分别保温1 h、3 h、5 h、10 h、20 h，观察各合金Laves相的溶解规律，分析P对Laves相溶解情况的影响。

根据Laves相的溶解规律，确定合适的均匀化制度。对均匀化后试样在865 ℃保温5 h，使η相充分析出，用Tag法来验证合金的均匀化效果。

2.2.3　显微组织观察

微观组织试样采用电解腐蚀，腐蚀剂为10% H_2SO_4 + 90% H_2O溶液。采用Axiovert 200 MAT型金相显微镜（Optical Microscope，OM）、JEOL 6340型扫描电子显微镜（Scanning Electron Microscopy，SEM）观察组织形貌，通过Shimadzu Seisakusho 1610型电子探针（Electron Probe Micro-analysis，EPMA）对各元素进行面扫和定量分析。采用LECO Microhardness Tester LM247AT系统测量Laves相溶解后试样各区域的显微硬度，载荷为50 g，保压时间为15 s。

2.3　实验结果

2.3.1　P的偏聚及对铸态组织的影响

图2-1所示为合金铸锭心部的低倍枝晶组织，白色区域为枝晶干，黑色区域为

枝晶间。由图2-1可以看出，当P含量低于0.007%时，P对合金的枝晶组织影响不大，见图2-1(a)和图2-1(b)；但当P含量超过0.010%以后，合金的枝晶组织明显变细，见图2-1(c)和图2-1(d)，说明P有细化合金枝晶组织的倾向。

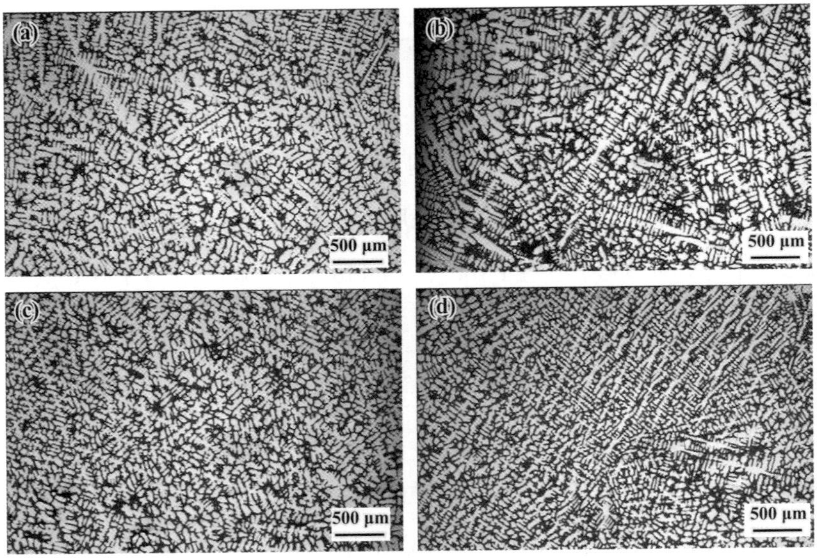

图2-1　合金铸锭心部的低倍枝晶组织

(a) 合金1(0.002% P)；(b) 合金2(0.007% P)；(c) 合金3(0.010% P)；(d) 合金4(0.025% P)。

合金铸锭心部高倍枝晶间Laves相形貌如图2-2所示，枝晶间析出了大量白色析出相，并且该析出相周围被黑色区域所包围，两者共同组成了枝晶间组织。经成分分析确定白色相为富Nb的Laves相，周围的黑色区域也为富Nb，本书中称之为“偏析区”。比较图2-2的各分图可以发现，随着P含量增加，枝晶间Laves相形貌变化较为明显。当合金中P含量为0.002%时(合金1)，可观察到两种不同形貌的Laves相：一种为共晶状Laves相，另一种为块状Laves相，两种形态约各占1/2，见图2-2(a)。共晶状和块状Laves相的扫描电子显微镜照片如图2-3所示。当P含量达到0.004%时，共晶状Laves相比例已明显减少，块状Laves相比例明显增加，见图2-2(b)；当P含量达到0.007%时，共晶状Laves相已非常少，大部分为块状Laves相，见图2-2(c)；当P含量在0.010%以上时，Laves相已全部转变为块状，见图2-2(d)至图2-2(f)。随着P含量升高，共晶状Laves相的数量和尺寸逐渐减少，块状 Laves 相尺寸逐渐增加。此外，进一步观察发现，枝晶间面积随着 P 含量的增加而增加。

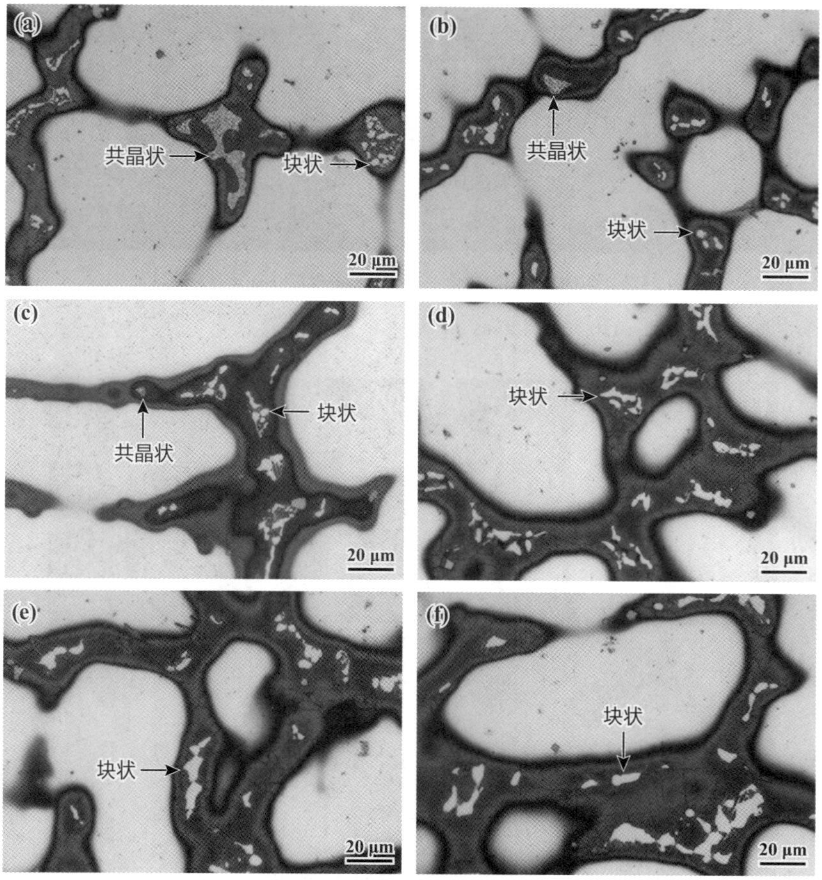

图2−2　合金铸锭心部高倍枝晶间 Laves 相形貌

(a) 合金 1（0.002% P）;(b) 合金 2（0.004% P）;(c) 合金 3（0.007% P）;(d) 合金 4（0.010% P）;(e) 合金 5（0.014% P）; (f) 合金 6（0.025% P）。

合金 1（0.002% P）与合金 6（0.025% P）从铸锭边缘到心部的枝晶间组织如图 2-4 所示。在铸锭边缘，低 P 和高 P 合金的 Laves 相均为共晶状，见图2-4(a) 和图2-4(b)。至铸锭 1/2 半径处，低 P 合金中大部分 Laves 相仍为共晶状，见图 2-4(c)，而高 P 合金中块状 Laves 相析出十分显著，见图 2-4(d)。在铸锭心部，高 P 合金的 Laves 相已全部呈块状，见图 2-4(f)，而在低 P 合金中仍可观察到大量的共晶状 Laves 相，见图2-4(e)。由图2-4可以看出，P增大了铸锭各部位枝晶间偏析区的面积。

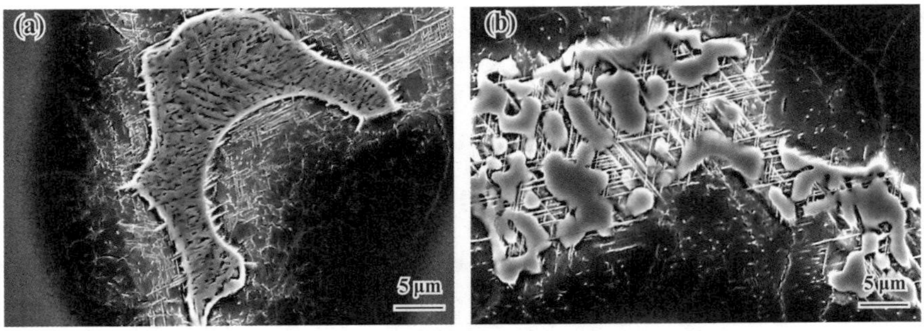

图2-3　0.002% P合金心部试样枝晶间Laves相形貌

(a) 共晶状Laves相；(b) 块状Laves相。

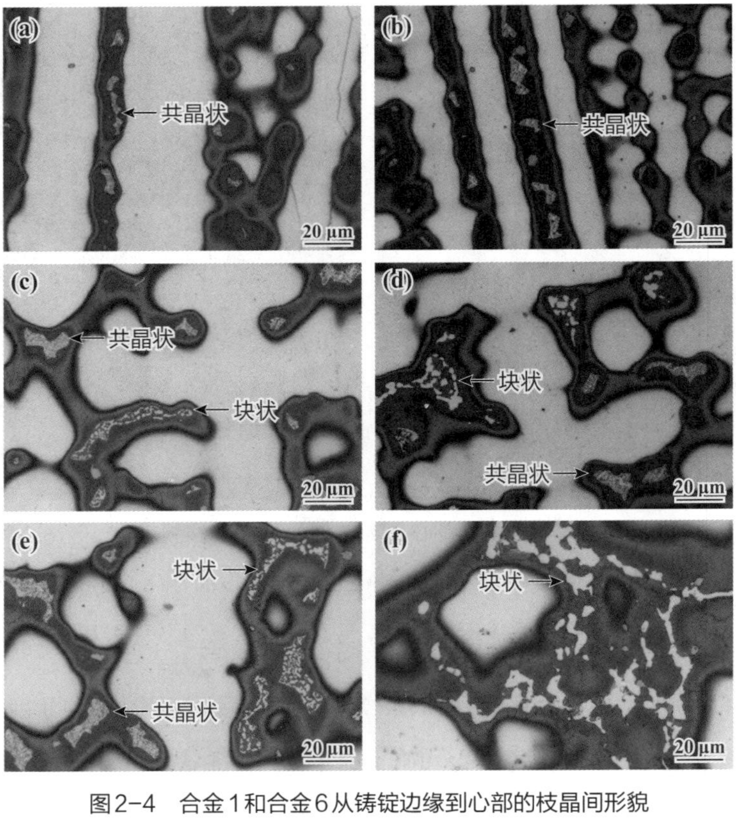

图2-4　合金1和合金6从铸锭边缘到心部的枝晶间形貌

(a) 合金1（0.002%P）铸锭边缘；(b) 合金6（0.025%P）铸锭边缘；
(c) 合金1（0.002%P）铸锭1/2半径；(d) 合金6（0.025%P）铸锭1/2半径；
(e) 合金1（0.002%P）铸锭心部；(f) 合金6（0.025%P）铸锭心部。

采用 EPMA 对合金6（0.025% P）的枝晶间 Laves 相进行元素面扫，结果如图2-5所示。可见 Nb 和 Ti 均大量偏聚于 Laves 相中，但这三种元素的偏聚方式有所不同：P 只在 Laves 相中富集，在 Laves 相周围的枝晶间溶解度极低；Nb 除了高度富集于 Laves 相中，在枝晶间基体中也有一定程度的富集；而 Ti 在 Laves 相中的富集程度反而不如 Nb 那样显著，但在枝晶间基体中的富集程度远比 Nb 强烈。通过 EPMA 对不同 P 含量合金的枝晶干、偏析区、Laves 相进行定量分析，结果如表2-2所示。P、Nb 和 Ti 在 Laves 相和偏析区中的含量明显高于枝晶干，为正偏析元素；Ni 虽然不富集于 Laves 相，但在枝晶间的含量高于枝晶干，为正偏析元

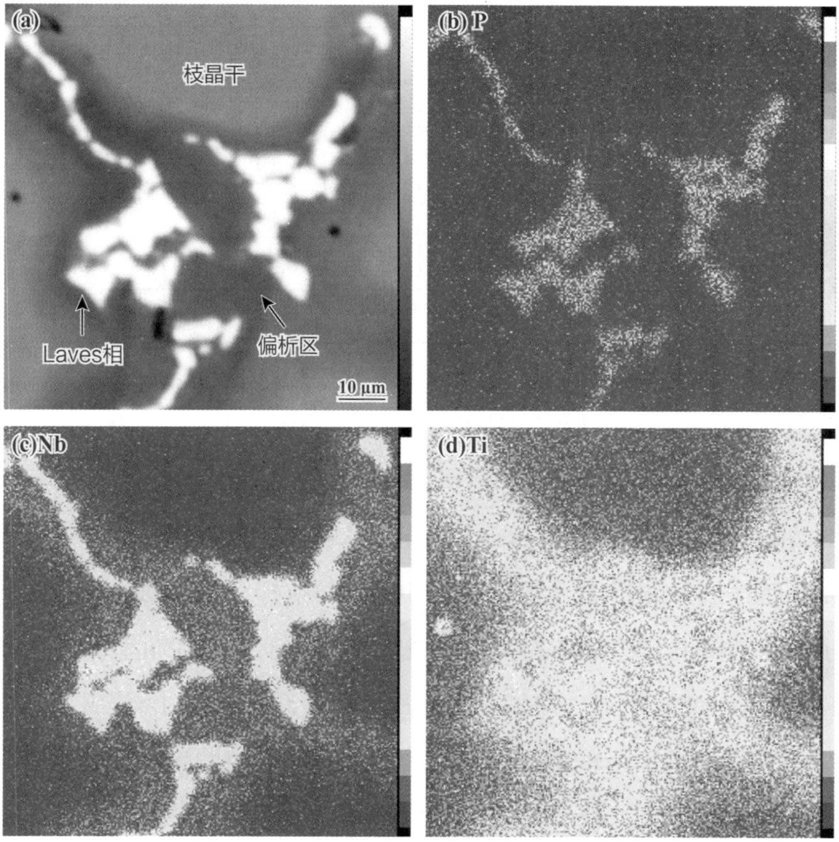

图2-5　合金6铸态组织中元素面分布

(a) 显微组织；(b) P；(c) Nb；(d) Ti。

素；Fe和Cr在Laves相和偏析区中的含量均低于枝晶干，即两者偏聚于枝晶干区域，为负偏析元素。随着合金中P含量的增加，Laves相中P含量亦随之增加，合金1（0.002% P）中的Laves相P含量为0.059%，而在合金6（0.025% P）中的Laves相P含量已增加至0.929%，且P对枝晶干和偏析区中γ基体的成分影响不大。

表2-2　合金中各区域的元素含量（质量分数，%）

合金	区域	Fe	Ni	Cr	Al	Ti	Nb	P
合金1 (0.002% P)	Laves相	23.65	31.78	10.01	0.12	4.29	30.09	0.059
	偏析区	28.72	47.35	13.67	0.54	4.15	5.57	0
	枝晶干	40.60	40.12	17.24	0.28	0.84	0.92	0
合金4 (0.010% P)	Laves相	23.76	31.93	9.87	0.11	4.32	29.56	0.458
	偏析区	27.17	48.36	13.27	0.51	4.73	5.96	0
	枝晶干	40.31	40.04	17.53	0.32	0.90	0.91	0
合金6 (0.025% P)	Laves相	23.16	32.13	10.14	0.12	4.23	29.29	0.929
	偏析区	27.72	48.12	13.04	0.48	4.63	6.02	0
	枝晶干	40.22	40.09	17.40	0.30	0.98	1.02	0

2.3.2　P对Laves相熔点的影响

为了消除铸锭的元素偏析，需对铸锭进行高温均匀化处理以获得均匀的组织。由于IN706合金中存在大量的Laves相，且Laves相为低熔点相，在熔点以上进行均匀化处理时Laves相会发生熔化，冷却后依然存在，因此需要首先测定IN706合金中Laves相的熔点，并在熔点以下温度进行均匀化处理以消除Laves相。图2-6为合金1（0.002% P）在1 180 ℃和1 190 ℃保温30 min后的水淬组织形貌。在1 180 ℃保温后水淬，Laves相未发生熔化，合金中只有球状Laves相，见图2-6(a)。当温度升至1 190 ℃时，枝晶间Laves相析出部位出现熔池，见图2-6(b)。这说明合金1中的Laves相熔点在1 180~1 190 ℃之间。此外，对合金2（0.004% P）和合金3（0.007% P）试样进行了观察，这两种合金的Laves相熔点也在1 180~1 190 ℃

之间。如图2-7所示，合金6（0.025% P）在1 170 ℃保温水淬，Laves 相未发生熔化，见图2-7(a)。在1 180 ℃保温水淬时出现熔池，见图2-7(b)。这说明合金6中的Laves 相的熔点在1 170～1 180 ℃之间。对合金4（0.010% P）和合金5（0.014% P）进行了观察，这两种合金的 Laves 相熔点也在1 170～1 180 ℃之间。可见，随着P含量的升高，Laves 相熔点有所降低，但降低程度并不显著。

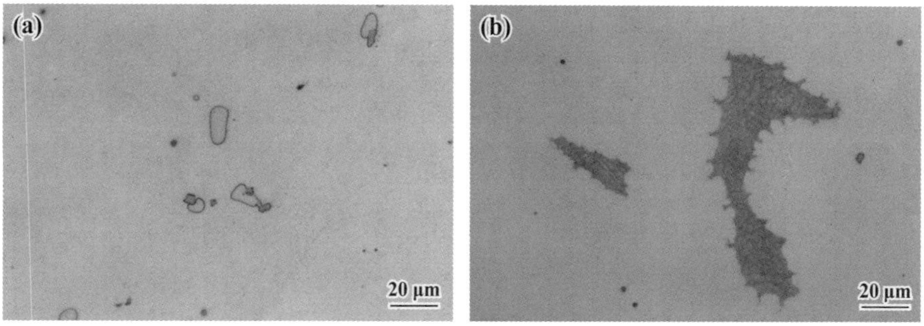

图2-6　合金1在不同温度保温30 min 后的水淬组织形貌

(a) 1 180 ℃；(b) 1 190 ℃。

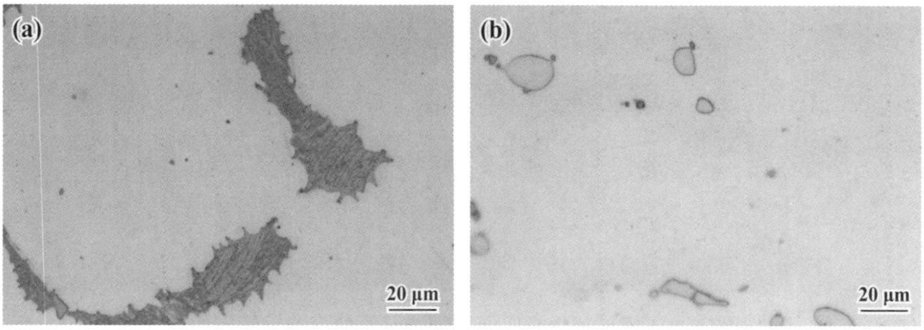

图2-7　合金6在不同温度保温30 min 后的水淬组织形貌

(a) 1 170 ℃；(b) 1 180 ℃。

2.3.3　P 对 Laves 相溶解过程的影响

根据已确定的各合金的 Laves 相熔点，将溶解 Laves 相的均匀化温度定为1 160 ℃，在该温度下分别保温1 h、3 h、5 h，空冷。如图2-8所示，在保温1 h后，合金1（0.002% P）和合金6（0.025% P）中仍有部分 Laves 相未溶解，见图2-8(a)和图2-8(b)，且合金6未溶解的 Laves 相数量比合金1多；在保温3 h 后，合金1

中 Laves 相已完全溶解，见图 2-8(c)，而合金 6 中仍有少量 Laves 相未溶解，见图 2-8(d)；合金 6（0.025% P）中的 Laves 相需要 5 h 才能完全溶解，见图 2-8(f)。

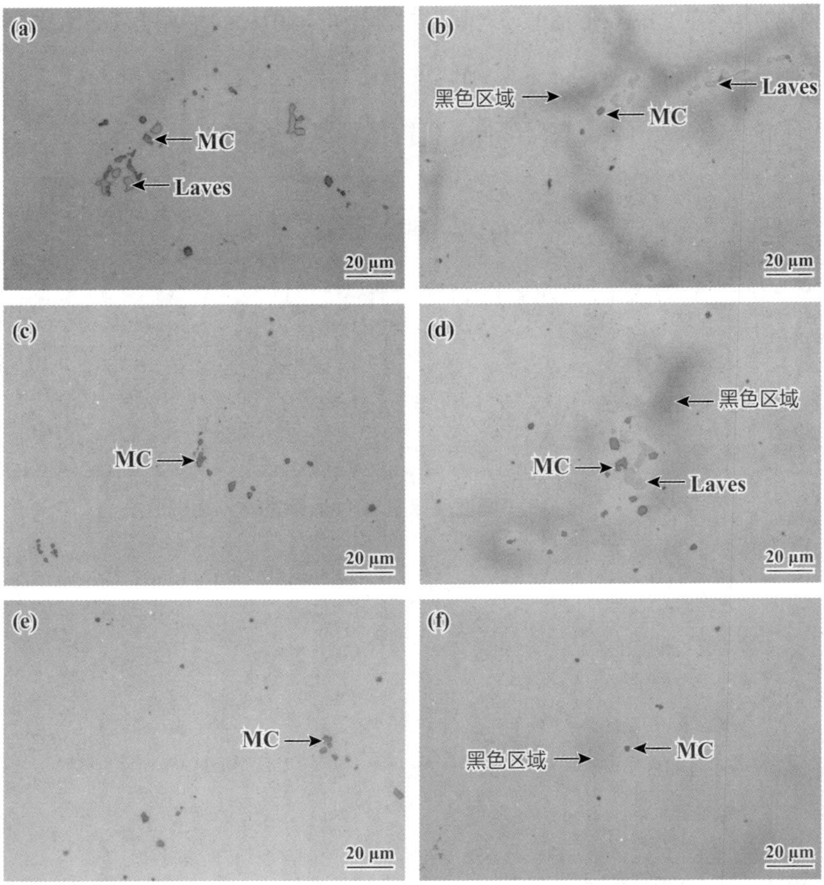

图 2-8　在 1 160 ℃保温不同时间后合金的组织形貌

(a) 合金 1（0.002% P）1 h；　(b) 合金 6（0.025% P）1 h；　(c) 合金 1（0.002% P）3 h；
(d) 合金 6（0.025% P）3 h；　(e) 合金 1（0.002% P）5 h；　(f) 合金 6（0.025% P）5 h。

由图 2-8 可以看出，在合金 6 空冷组织中观察到黑色区域（见图 2-8(b)、图 2-8(d)、图 2-8(f)）且黑色区域所占的面积及黑色程度随均匀化时间的延长有所减小。在合金 1 中则没有黑色区域出现，见图 2-8(a)、图 2-8(c)、图 2-8(e)。此外，如图 2-9 所示，合金 1 和合金 6 在 1 160 ℃保温 10 h 水冷后，组织中均未观察到黑色区域，见图 2-9(a)、图 2-9(c)，只有合金 6 空冷组织中才会出现黑色区域。对合金 6 空冷试样各区域进行显微硬度测试，结果表明黑色区域的硬度远高于基体的硬度，且颜色越深的黑色区域硬度越高，见图2-10。

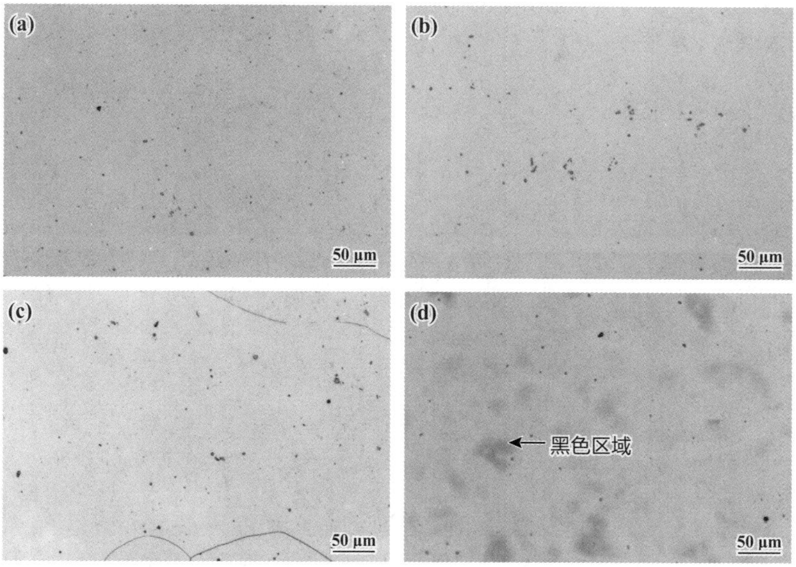

图2-9　合金1和合金6在1 160 ℃保温10 h水淬或空冷后的组织形貌

(a) 合金1（0.002% P）水冷；　(b) 合金1（0.002% P）空冷；

(c) 合金6（0.025% P）水冷；　(d) 合金6（0.025% P）空冷。

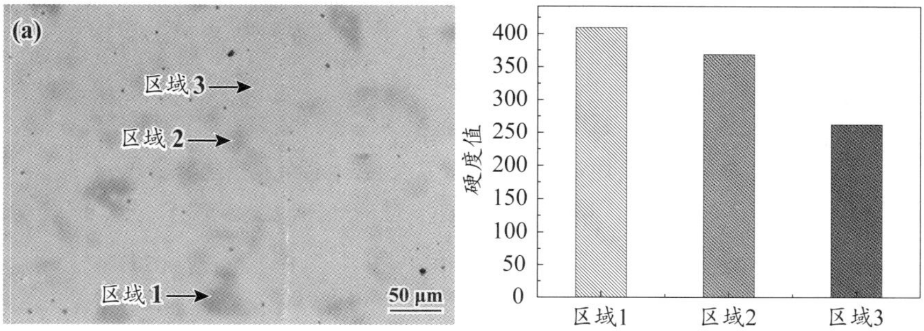

图2-10　合金6在1 160 ℃保温10 h空冷后的组织形貌及各区域显微硬度值

最终，合金所采用的均匀化制度为两阶段热处理制度，1 160 ℃ ×20 h + 1 190 ℃×40 h，第一阶段热处理的主要目的是消除Laves相，第二阶段热处理的主要目的是促进元素扩散，消除元素偏聚。采用Tag法，将均匀化试样在865 ℃保温5 h，显微组织如图2-11所示。不同P含量合金析出的η相均匀分布，说明合金均匀化基本完成。

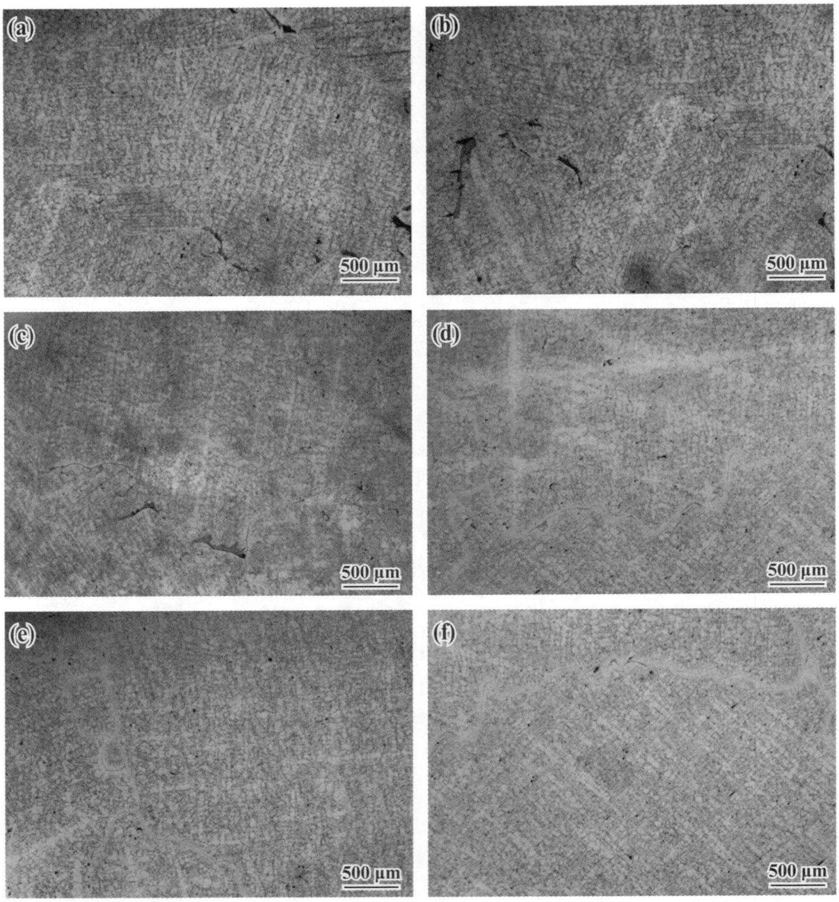

图2-11　合金均匀化后在865 ℃保温5 h后 η 相析出情况

(a) 合金1（0.002% P）；　(b) 合金2（0.004% P）；　(c) 合金3（0.007% P）；
(d) 合金4（0.010% P）；　(e) 合金5（0.014% P）；　(f) 合金6（0.025% P）。

2.4　讨　　论

如图2-5和表2-2所示，在IN706合金的铸态组织中，P高度偏聚于Laves相中，而在枝晶间及基体中的含量极低，显著贫化。这与过去的研究结果是一致的[47]，即P在高温合金基体中的溶解度极低，凝固过程中大量向剩余液体中偏聚。因此，对于 P 含量较高的合金，随着凝固的进行，P 在剩余液体中的含量越来越高，合金的凝固速率越来越缓慢，因为基体的凝固必须将凝固前沿液体中的 P 排斥出去才能进行，即 P 对于基体的凝固具有强烈的阻碍作用。分析认为，P 对基体凝固的阻碍作用是导致合金铸态组织产生明显变化的主要原因。显然，对于不同 P 含量的合金，在相同的凝固条件下，当凝固进行到同一时刻时，高 P 含量合金中枝晶间剩余液体的量较多。随着温度的不断降低，剩余液体的量越来越少，其 P 含量越来越高，P 对基体凝固的阻碍作用越来越强，凝固也越来越困难。因此，随着 P 含量的增加，合金凝固区间变宽，偏析增加。

当温度降低至 Laves 相析出时，由于 Laves 相可以将剩余液体中的 P 大量吸收，所以凝固才能够得以继续进行。而本书研究表明,P 不明显降低 Laves 相析出温度，因此在 Laves 相开始析出时，高 P 含量合金枝晶间的剩余液体量明显高于低 P 含量合金，这样就造成 P 增大合金枝晶间面积的结果（见图 2-2 和图 2-4）。

对于 P 含量较低的合金，当 Laves 相析出时，Nb 和 Ti 等正偏析元素被 Laves 相大量吸收，从而更有利于 γ 基体形成。而 γ 基体的凝固同样又反过来促进 Laves 相在其周围析出，这样就形成了（Laves + γ）共晶，见图 2-2(a)。当 P 含量升高后，虽然 Laves 相析出同样可以降低其周围的 Nb 和 Ti 含量，但 P 含量在剩余液体中的含量仍然较高，导致 γ 基体无法迅速凝固。只有当 Laves 相长成较大的颗粒后，其周围液体中的 P 含量才能降到足够低，γ 基体才可以凝固。因此在高 P 含量合金中，易析出块状 Laves 相，而共晶 Laves 相的析出被抑制（见图 2-2 和图 2-4）。

Laves 相的析出除了取决于合金成分外，也取决于冷却速度。在铸锭的外缘，由于冷却速度很快，枝晶间剩余液体在短时间获得较大的过冷度，使 Laves 相的形核率大大提高。大量的 Laves 相核心同时生长导致其颗粒周围的 P、Nb、Ti 含量迅速降低，从而使 γ 基体得以凝固，这样也就形成了（Laves + γ）共晶组织。但是在高 P 含量合金铸锭的心部，由于 Laves 相形核率的降低，只能析出块状 Laves 相。

P 不影响已凝固枝晶轴 γ 基体的元素成分，当合金冷却到某一温度时，相对于低 P 含量合金而言，高 P 含量合金枝晶间剩余液体的量较多，其中 Nb 和 Ti 等

Laves 相析出元素的含量较低。这样也就造成当低 P 含量合金开始析出 Laves 相时，高 P 含量合金还需继续冷却，直至 Laves 相开始析出。这也就是 P 降低 Laves 相熔点的原因。

在 Ni 基高温合金中发现 P 能与 Nb、Ti 共偏聚 [71, 110–111]，在 Laves 相溶解的过程中，P 阻碍 Nb、Ti 等元素向基体中扩散，导致高 P 含量合金在 Laves 相溶解后在其析出的位置附近仍然存在较多的 Nb、Ti 元素。在 1 160 ℃保温后的空冷过程中，高 P 含量合金中富集 Nb 和 Ti 元素的区域将更容易析出 γ'、γ'' 强化相，在显微组织中表现为黑色区域，因此黑色区域硬度比基体高。水冷组织由于冷却速度太快，γ'、γ'' 强化相来不及析出，所以黑色区域只存在于高 P 含量空冷合金中，并且随着均匀化程度的增加，黑色区域所占比重有所降低。

2.5 本章小结

本章研究了 6 种不同 P 含量的 IN706 合金铸态组织及 Laves 相的熔化温度和溶解过程，考察了 P 在铸态组织中的分布及对铸态组织和均匀化的影响，得到如下主要结论：

(1) P 几乎不溶于 γ 基体，P 阻碍基体的凝固，细化合金枝晶组织，并且扩大枝晶间面积。

(2) P 显著偏聚于 Laves 相中，抑制共晶状 Laves 相析出并促进块状 Laves 相析出：当 P 含量小于 0.007% 时，合金铸锭心部存在共晶状和块状 Laves 相；当 P 含量大于 0.010% 时，合金铸锭心部仅存在块状 Laves 相。

(3) P 降低 Laves 相熔点：当 P 含量小于 0.007% 时，Laves 相熔点为 1 180～1 190 ℃；当 P 含量大于 0.010% 时，Laves 相熔点为 1 170～1 180 ℃。P 阻碍 Laves 相中 Nb、Ti 的扩散，延长 Laves 相溶解和均匀化的时间。

(4) 采用 1 160 ℃ × 20 h + 1 190 ℃ × 40 h 热处理可以达到均匀化的目的。

第3章 P在IN706合金中的偏聚与析出规律研究

3.1 引 言

近年来，国内外对于P在高温合金中的作用十分重视，先后在镍铁基变形高温合金GH761、IN718、718Plus等合金中发现，P能显著提高合金的持久性能和蠕变性能[38–39, 45]。通过对P在高温合金中的作用和影响机理进行深入和系统的研究，目前P的有益作用被更多地归结于其在晶界的作用，即P偏聚于晶界可以降低晶界能、提高晶界结合力、改善晶界析出、阻碍环境氧沿晶界侵入[48, 73]。

P在高温合金中的晶界偏聚特征已被广泛报道，在IN718合金中，郑（Zheng）等人[69]和平（Ping）等人[68]分别用俄歇电子能谱仪和原子探针层析技术发现了P在合金晶界偏聚，丁（Ding）等人也用透射电子显微镜证实了P在718Plus中的晶界偏聚特性。微量元素P添加到合金中的含量虽然只有10^{-6}量级，但发生偏聚后其在晶界的浓度可能比晶内高10～1 000倍，如某研究[69]发现IN718合金中P含量仅为0.002%，但晶界上的P浓度却达到0.5%，另一研究[45]发现718Plus合金中P含量为0.022%，但其在晶界上的浓度却达到了1.1%。

事实上，溶质原子的晶界偏聚浓度除了随溶质原子在合金中含量的增加而增加外，还受热处理温度、冷却速度、热加工过程等很多因素影响[112-120]。因此，研究P在合金中的作用机理，需将P的晶界偏聚与其影响因素联系起来。对于在确定的热加工状态下的某一特定合金，P含量和热处理制度是影响P晶界偏聚的关键因素。遗憾的是，过去的研究大多关注 P 的晶界偏聚本身，对 P 加入合金后晶界偏聚与 P 含量及热处理制度之间的关系缺乏系统的研究。

之前的研究结果表明，相比 GH761、IN718 合金，P 在 IN706 合金中的溶解度更低，当 P 含量足够高时，在合金的晶界会析出一种含 P 的相[121]，在本书中称为 P 化物。毫无疑问，P 化物的析出是晶界上 P 偏聚到一定浓度的产物，P 化物的析出会降低 P 在基体中的浓度，从而导致 P 在晶界的偏聚浓度减少[122-129]；反之，P 化物的析出能够一定程度反映 P 的分布位置，并决定 P 在合金基体中的固溶度。

因此，本章研究了 P 在 IN706 合金中的偏聚与析出规律，通过改变热处理制度来研究 P 化物的析出规律，确定 P 在合金基体中的溶解度，利用 P 化物的析出来反映 P 的分布，为合理地控制 P 在 IN706 合金中的含量及研究 P 在合金中的作用提供依据。

3.2 实验材料与方法

3.2.1 实验材料

采用真空感应炉熔炼一炉 IN706 母合金，其成分(质量分数，%)为：42.4 Ni，15.92 Cr，1.89 Ti，2.82 Nb，0.35 Al，0.04 C，0.0045 B，0.002 P，Fe 余量。然后切取母合金，分别添加不同含量的 P，用真空感应炉将母合金重熔成 5 炉 8 kg 重子合金铸锭，经化学成分分析，各子合金的 P 含量分别为：0.002%、0.008%、0.013%、0.017%、0.025%。铸锭经过 1 160 ℃×20 h + 1 190 ℃×40 h 均匀化处理后，开坯锻造成 35 mm×35 mm 的方截面坯料，然后热轧成直径为 16 mm 的棒材。

3.2.2 热处理制度

从 0.025% P 合金轧棒上切取试样，在 920 ℃×1 h、950 ℃×1 h、980 ℃×1 h、1 010 ℃×1 h、1 040 ℃×1 h、1 060 ℃×1 h、1 080 ℃×1 h 及 1 060 ℃×2 h 保温后水冷，并对该合金均匀化态(铸锭均匀化处理后未锻造和轧制)试样在 750 ℃×

5 h、800 ℃×5 h、850 ℃×5 h、880 ℃×5 h 保温后水冷，确定合金中 P 化物的析出温度范围及析出峰温度。

将5种合金进行980 ℃×3 h 保温后水冷，观察和分析 P 化物的析出情况，确定析出 P 化物的 P 含量范围及 P 在合金中的固溶度。

采用高温熔化后水淬实验测定P 化物的熔点，将0.025% P 合金进行980 ℃×2 h保温后水冷，再分别在1 200 ℃×30 min、1 250 ℃×30 min保温后水冷，分析熔化情况。

从0.025% P 合金轧棒上切取试样，考察热处理制度对合金 P 化物析出行为的影响，具体热处理制度为：

(1) 980 ℃×5 min，980 ℃×30 min，980 ℃×3 h，水冷；

(2) 1 060 ℃×2 h，1 060 ℃×10 h，水冷 + 980 ℃×3 h，水冷。

3.2.3　显微组织观察

试样的微观组织观察在 Axiovert 200MAT 型光学显微镜、JEOL 6340型扫描电子显微镜和 FEI Tecnai G2型透射电子显微镜上进行，采用选区电子衍射和电镜所附带的能谱分析仪鉴定合金中的 P 化物，通过 Shimadzu Seisakusho 1610型电子探针（Electron Probe）观察合金中各元素的分布情况。金相显微镜、扫描电子显微镜及电子探针观察用试样采用电解腐蚀，腐蚀剂为10% H_2SO_4 + 90% H_2O 溶液，腐蚀电压为15~20 V。透射电子显微镜观察用样品的制备方法为：用线切割切出厚度约为0.5 mm 的样品，用砂纸将样品磨到50 μm 左右厚，再将样品冲成直径为3 mm 的薄片。采用 Struers 公司的 Tenupol-5电解双喷减薄仪对样品进行双喷减薄。双喷液为10% 高氯酸 + 90% 酒精溶液。双喷最佳条件为温度 −20 ℃，电流60 mA。

3.3 实验结果与讨论

3.3.1 P化物的析出规律

3.3.1.1 P化物的析出温度范围

图3-1为P含量0.025%合金的轧态组织形貌。由图3-1(a)可以看出，合金晶粒细小、均匀，晶粒度为ASTM 12级。如图3-1(b)所示，合金中析出两种相，分别标记为A和B。标记为A、尺寸较大的白色析出相富Nb，见图3-1(c)，其直径一般在1 μm以上，是合金中常见的MC碳化物。标记为B的白色颗粒状相析出量较少，仅在少数晶界中观察到。其尺寸较小，直径一般在500 nm以下，EDS谱如图3-1(d)所示，该析出相富P，在本书中被称之为P化物。

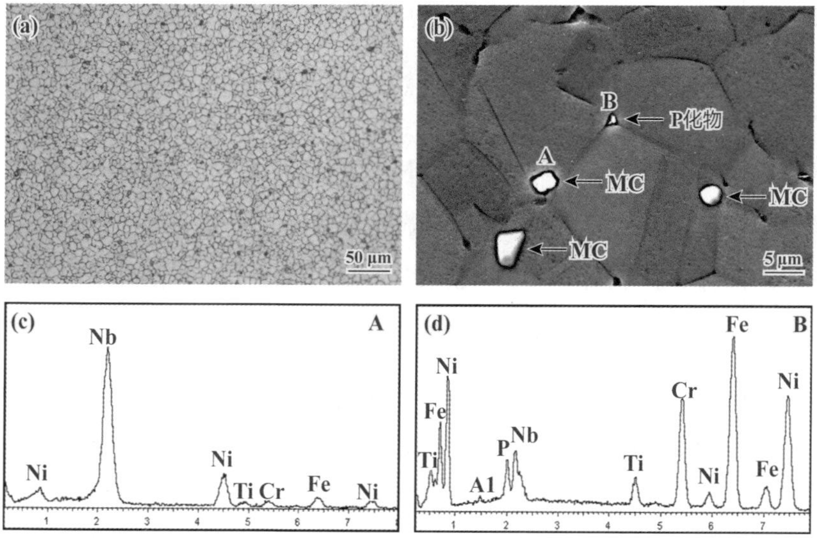

图3-1　0.025% P合金的轧态组织及析出相成分分析

(a) 金相组织；(b) 扫描电子显微镜像；(c) A点EDS结果；(d) B点EDS结果。

图3-2为P含量0.025%合金样品经不同温度保温热处理后的显微组织形貌。从图3-2(a)和图3-2(b)中可以看出，合金经920 ℃ ×1 h和950 ℃ ×1 h固溶处理后，晶界析出大量η相，呈针状及块状紧密排列。由于η相的析出峰温度为871 ℃，920 ℃比950 ℃更靠近析出峰温度，所以在950 ℃时η相的析出数量和尺寸同920 ℃

相比明显减少。经能谱分析仪分析发现在这两种温度下，合金晶界均析出少量的P 化物。当温度升高至980 ℃时，晶界无 η 相析出，却有大量P 化物颗粒在晶内析出，如图3-2(c) 所示。当温度升高到1 010 ℃时，仍有P 化物在晶内析出，但析出数量与980 ℃相比有所减少，见图3-2(d)。当温度升高至1 040 ℃时，P 化物的析出数量继续减少，见图3-2(e)。在1 060 ℃保温1 h 后，P 化物的析出数量极少，仅能发现个别P 化物析出，见图3-2(f)。由于0.025% P 合金轧态组织中已析出少量P 化物，因此可以认为1 060 ℃热处理1 h 后，组织中存在的极少量P 化物并不是该温度下析出的，而是轧态组织的P 化物未完全溶解而残留下的。经1 060 ℃保温热处理2 h 后，P 化物已全部溶解，见图3-2(g)。当温度为1 080 ℃时，合金不析出P 化物，见图3-2(h)。通过对比图3-2(a) 至图3-2(h) 中P 化物析出情况，可以看出当温度超过1 060 ℃时，合金中不析出P 化物，在980 ℃保温时析出的P 化物最多，因此确定P 化物的析出峰温度在980 ℃附近。

在920 ℃和950 ℃固溶条件下观察到了P 化物，但不能确定是该温度条件下析出的还是轧态组织中存在的。为更加明确P 化物的析出温度范围，将0.025% P 合金均匀化态试样(不存在P 化物)分别在750 ℃、800 ℃、850 ℃、880 ℃保温5 h，用扫描电子显微镜观察P 化物的析出情况，得到的结果如图3-3所示。在750 ℃、800 ℃保温时，合金中仅有MC 碳化物存在，如图3-3(a) 和图3-3(b) 所示。在850～880 ℃保温时可以观察到P 化物沿晶界析出，如图3-3(c) 和图3-3(d) 所示。综合图3-2和图3-3的实验结果，可以确定P 化物在IN706合金中的析出温度范围是850～1 040 ℃。

3.3.1.2　析出 P 化物的 P 含量范围

IN706合金标准热处理的固溶温度范围为925～980 ℃，此温度区间正好在P 化物的析出温度范围内。为研究不同P 含量合金中P 化物的析出情况，将5种合金试样在析出峰温度980 ℃保温3 h，用扫描电子显微镜结合能谱分析仪观察合金中P 化物的析出情况，其组织形貌如图3-4所示，当P 含量为0.002% 和0.008% 时，合金中未析出P 化物(图中的白色颗粒状相为MC 碳化物)。当P 含量达到0.013% 时，合金析出较多的 P 化物，且晶内数量多于晶界。当 P 含量为0.017% 和0.025% 时，合金中析出更多的 P 化物。

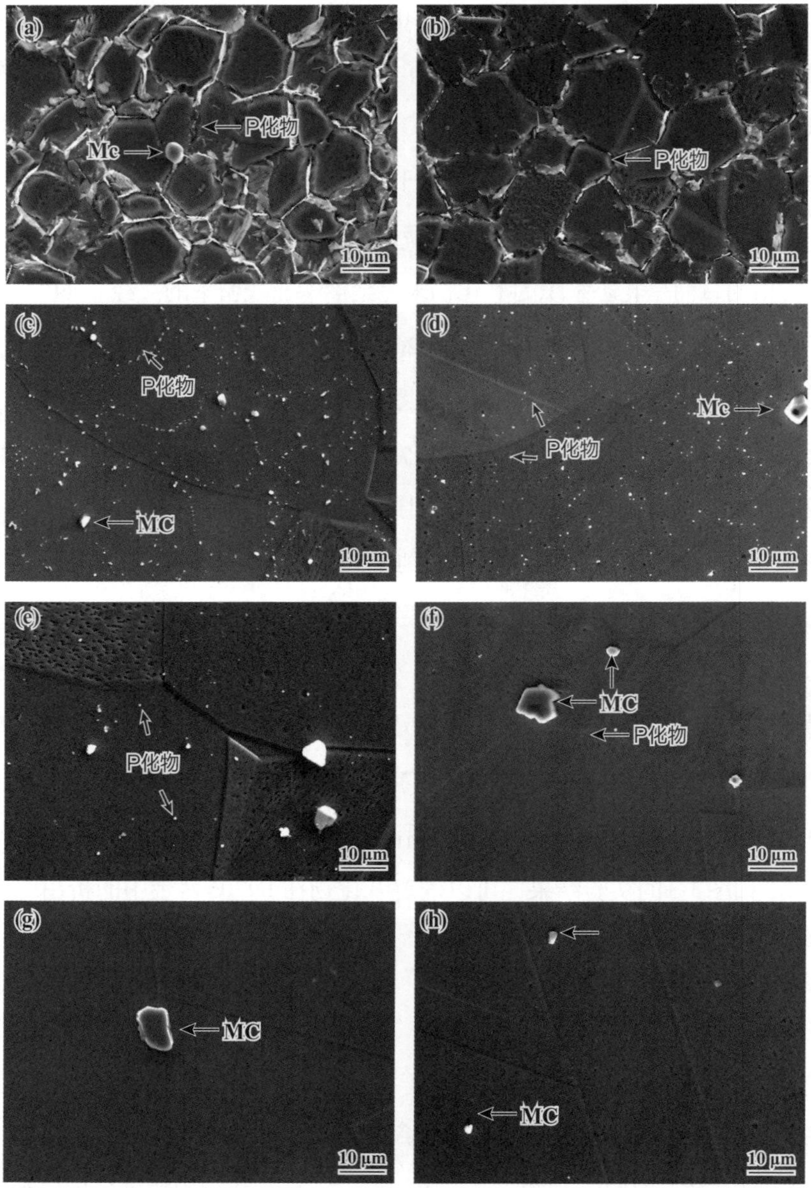

图3-2 0.025% P 轧态合金在不同温度保温后的显微组织形貌

(a) 920 ℃，1 h； (b) 950 ℃，1 h； (c) 980 ℃，1 h； (d) 1 010 ℃，1 h； (e) 1 040 ℃，1 h； (f) 1 060 ℃，1 h； (g) 1 060 ℃，2 h； (h) 1 080 ℃，1 h。

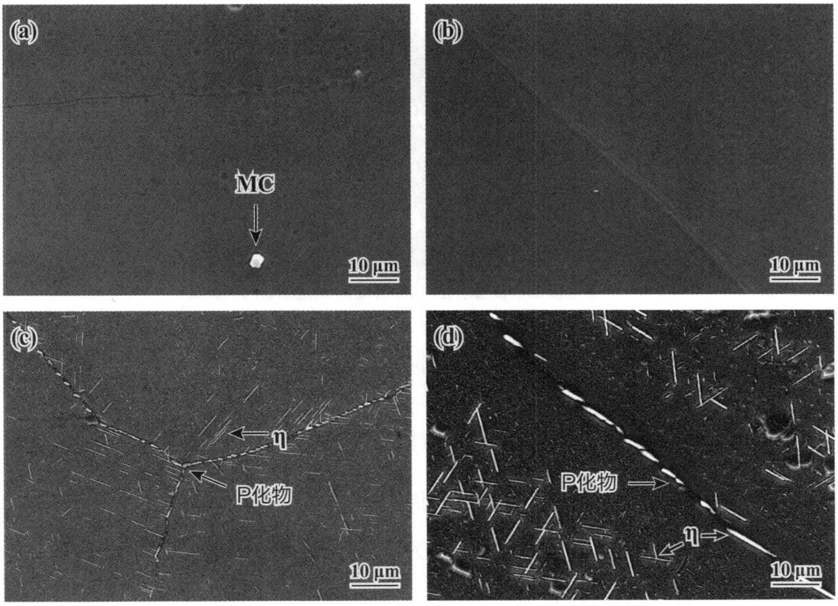

图3-3　0.025% P 均匀化态合金在不同温度保温 5 h 后的显微组织形貌

(a) 750 ℃；(b) 800 ℃；(c) 850 ℃；(d) 880 ℃。

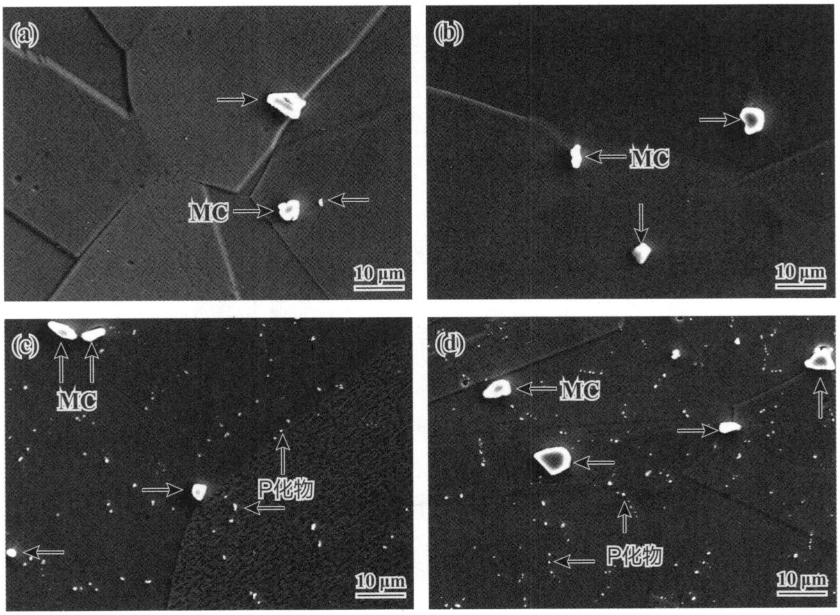

图3-4　不同 P 含量合金在 980 ℃固溶 3 h 后的显微组织形貌

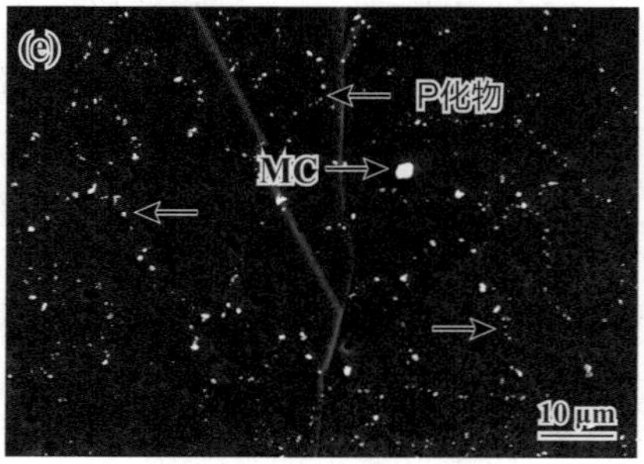

续图3-4

(a) 0.002% P；(b) 0.008% P；(c) 0.013% P；(d) 0.017% P；(e) 0.025% P。

对面积为300 μm^2 以上P化物的析出数量进行统计，得到的结果如图3-5所示。P含量为0.013%的合金P化物为1.17个/μm^2,P含量为0.017%的合金P化物为3.27个/μm^2，P含量为0.025%的合金P化物为6.23个/μm^2。可以看出，随着P含量升高，P原子在合金基体中的过饱和度增加，P化物的析出数量明显增加，但各合金中P化物的形态和尺寸无明显差别，见图3-4(c)至图3-4(e)。P含量在0.008%及以下时，合金中不析出P化物。因此，P化物的析出情况，反映出P在IN706合金中的溶解度在0.008%~0.013%。

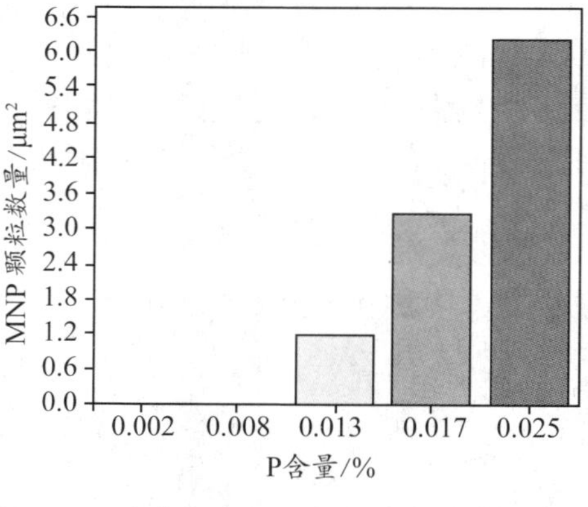

图3-5 P化物在不同P含量合金中的析出情况

3.3.1.3 P化物的结构与成分

如图3-6所示，采用透射电子显微镜对合金中的P化物进行能谱分析和选区电子衍射，结合相关参考文献[130-131]对衍射斑点进行标定，结果表明该相为具有正交结构的 MNP 相，其中 M 代表 Nb、Ti，N 代表 Ni、Fe、Cr。图3-6(c) 和图3-6(d) 分别为 [011] 和 [021] 晶带轴的衍射斑点，两者之间的倾转角度与计算值相吻合，误差仅为0.2°。

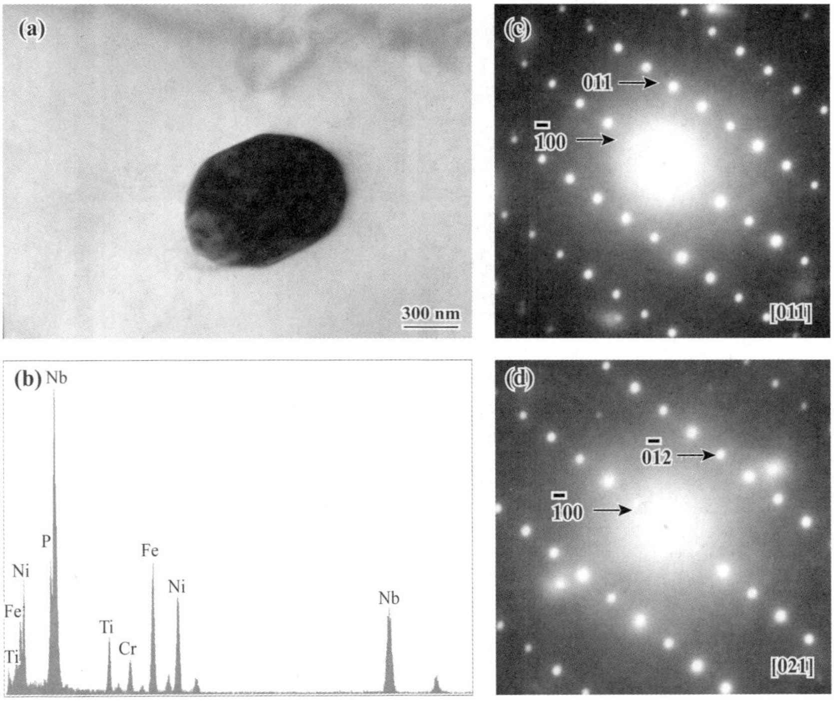

图3-6　IN706合金中 P 化物的透射电子显微镜像、EDS 谱及 SAED

(a) 透射电子显微镜像；(b) 能谱分析仪分析结果；(c) [011] 晶带轴的 SAED 谱；(d) [021] 晶带轴的 SAED 谱。

采用电子探针对0.025% P 合金经980 ℃保温3 h 后的样品进行面扫，结果如图3-7所示。与基体成分相比，合金中的 P 化物富 P、Nb、Ti，贫 Ni、Fe、Cr。

将0.025% P 合金进行980 ℃× 2 h保温后再分别在1 200 ℃和1 250 ℃保温30 min 水淬，合金组织形貌如图3-8所示。合金经980 ℃热处理，组织中析出大量 P 化物，见图3-8(a)；在1 200 ℃保温后水淬，合金晶粒长大，P 化物全部回溶，此时合金中只有少量碳化物存在，见图3-8(b)；当温度升至1 250 ℃时，晶内和晶界都出现熔池，见图3-8(c)。扫描电子显微镜能谱测量结果显示熔池富 P，见图3-8(d)，是

P 化物熔化形成的，因此确定 IN706 合金中 P 化物熔点在 1 200～1 250 ℃。

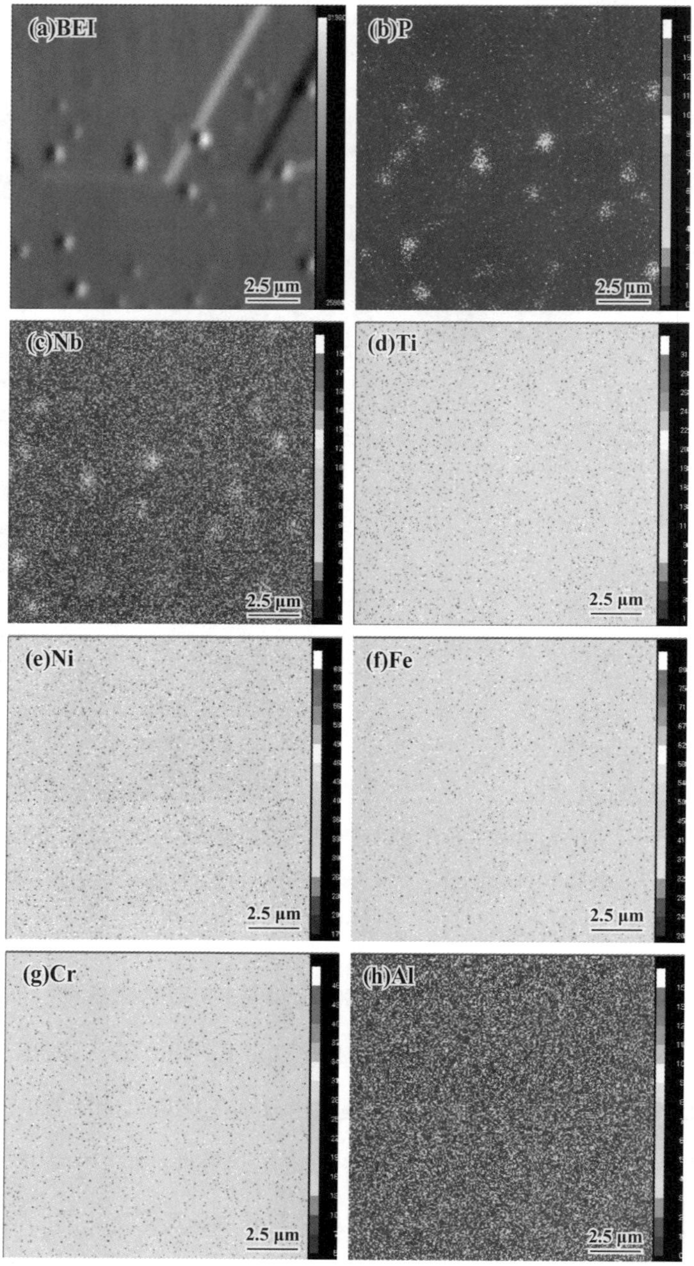

图3-7　0.025% P 合金在 980 ℃保温 3 h 后元素分布

(a) 背散射电子像；(b) P；(c) Nb；(d) Ti；(e) Ni；(f) Fe；(g) Cr；(h) Al。

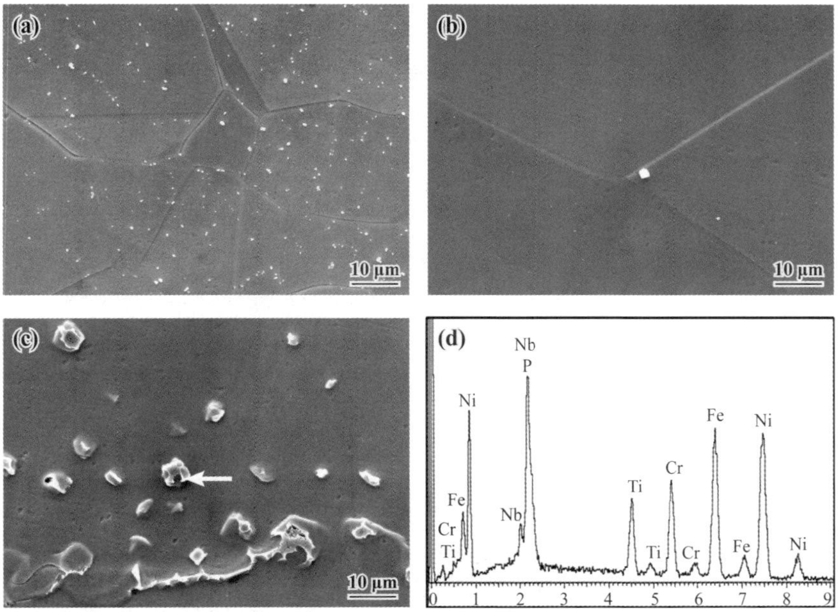

图3−8　0.025% P 合金在980 ℃保温2 h 后再在不同温度保温30 min 水淬组织形貌

(a) 显微组织；(b) 1 200 ℃，30 min；(c) 1 250 ℃，30 min；(d) 图 (c) 中箭头所指区域能谱分析仪分析结果。

3.3.2　热处理制度对 P 化物析出行为的影响

观察图3-4(c) 至图3-4(e) 可以发现，合金中的 P 化物颗粒在晶内并不是弥散析出的，而是呈环状分布于晶内。为了研究在980 ℃保温过程中 P 偏聚与析出的演变规律，将轧态0.025% P 合金分别在980 ℃保温5 min、30 min、3 h，其组织形貌如图3-9所示。当保温时间为5 min 时，晶粒未开始长大，仍保持轧态组织晶粒尺寸，见图3-9(a)。但使用扫描电子显微镜观察发现，合金析出大量 P 化物，沿晶界分布，见图3-9(b)。当保温30 min 后，小部分晶粒已经长大，在长大的晶粒内部 P 化物呈环状分布，见图3-9(e)，未长大的晶粒附近 P 化物仍沿晶界分布，见图3-9(d)。当保温3 h 后，晶粒全部长大，绝大部分 P 化物呈环状分布在晶内，见图3-9(f) 至图3-9(g)。

通过对比图3-9(g) 与图3-9(b)，发现固溶后析出 P 化物颗粒所围成环的大小正好与轧态组织的晶粒大小相吻合。这是由于当合金保温时间小于5 min 时，在晶粒未长大前 P 化物已快速沿晶界析出，随着保温过程的进行，晶粒逐渐长大，原晶界逐渐消失，但析出的 P 化物仍然留在原晶界处，勾勒出轧态组织晶界的轮廓。

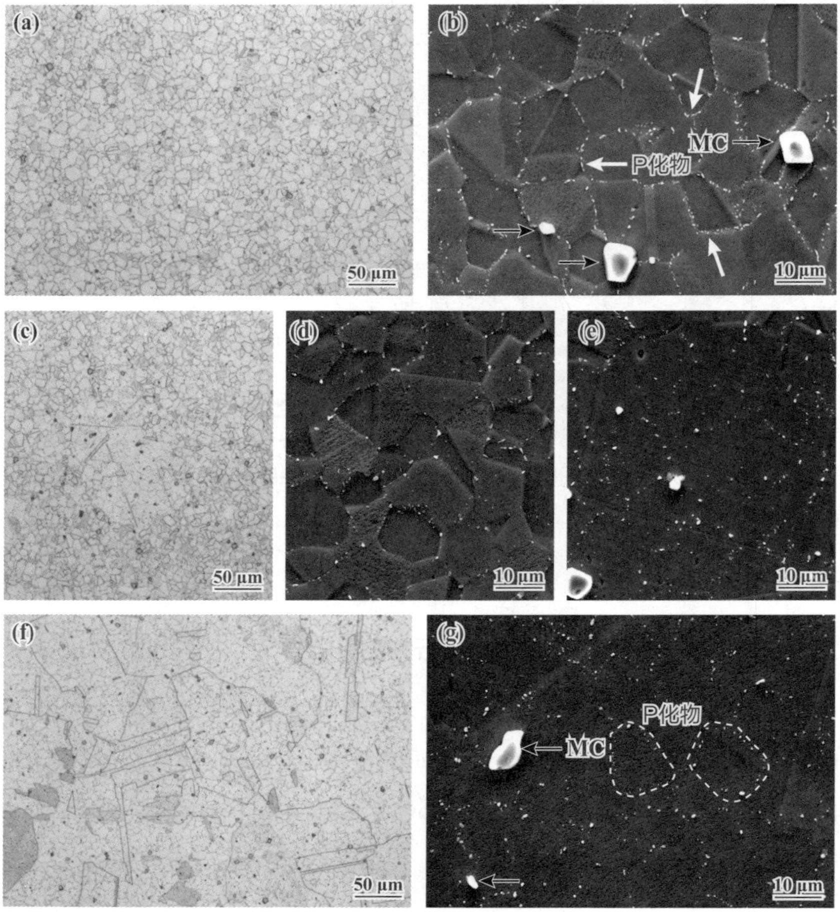

图3-9　0.025% P 合金在980 ℃保温5 min、30 min、3 h 后的组织形貌

(a)~(b) 5 min；(c)~(e) 30 min；(f)~(g) 3 h。

作为一种常见的微量元素，P 有向晶界偏聚的趋势，这在不少研究中已得到证实[67-71]。本书中的 IN706 合金在经过加热、锻造、轧制这一系列热加工过程后，轧态组织中已有大量的 P 原子在晶界及其附近偏聚，并且部分 P 浓度足够高的晶界已析出 P 化物，见图3-1(b)。在随后980 ℃保温的过程中，P 原子快速向晶界扩散，导致 P 原子在晶界及其附近的强烈偏聚以及随后 P 化物沿晶界的析出，见图3-9(b)。

0.025% P 合金经过1 060 ℃固溶2 h、10 h，再在980 ℃保温3 h 后的组织形貌如图3-10所示。经过1 060 ℃×2 h ＋ 980 ℃×3 h 处理后的样品，平均晶粒尺寸约为110 μm，见图3-10(a)，大量 P 化物在晶界 [见图3-10(b)] 和晶内 [见图3-10(c)] 析出。经过1 060 ℃× 10 h + 980 ℃× 3 h 处理后的样品，平均晶粒尺寸约为140 μm，见图3-10(d)，P 化物在晶界析出的情况 [见图3-10(e)] 与2 h 固溶的样品相同，但该样品晶内没有观察到 P 化物，见图3-10(f)。

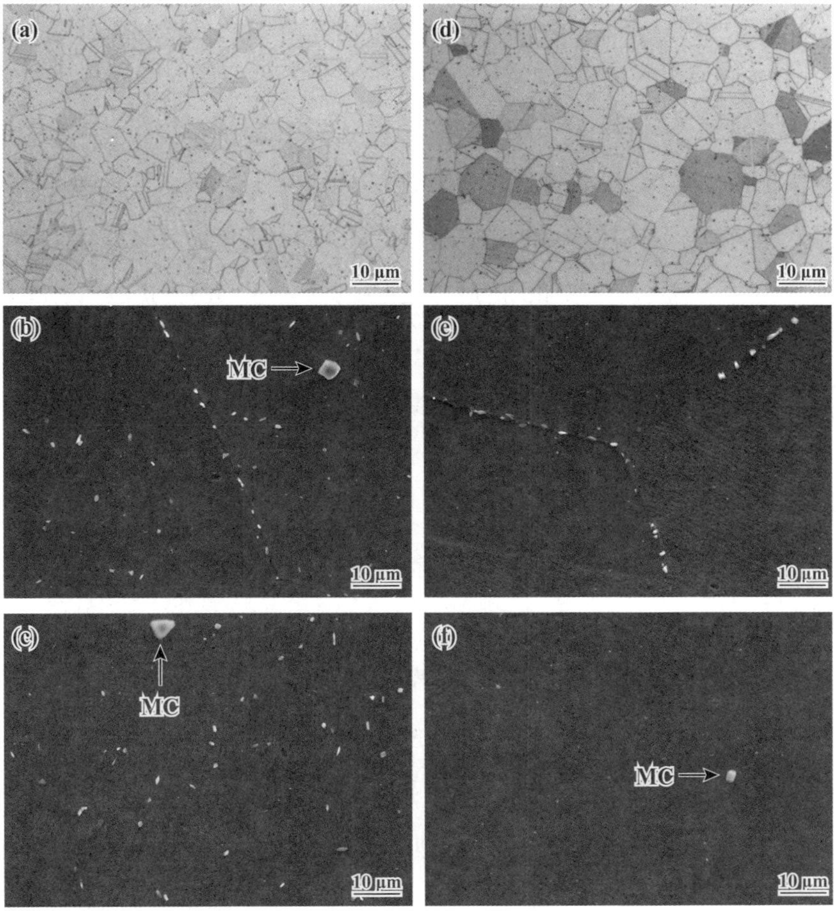

图3-10　0.025% P 合金在1 060 ℃固溶不同时间再在980 ℃保温3 h 后的组织形貌

(a)～(c) 2 h；(d)～(f) 10 h。

图3-10的实验结果表明，当合金经过1 060 ℃固溶2 h，尽管轧态组织中的P化物颗粒已经完全溶解，但是由于固溶时间太短，P原子来不及在晶内充分扩散，仍然富集于原来P化物析出的位置附近。因此，在随后经过980 ℃保温3 h后，P化物在晶内原位置再次析出，见图3-10(c)；同时，由于P原子向晶界扩散和偏聚，晶界也析出较多的P化物，见图3-10(b)。当合金在1 060 ℃固溶10 h后，经过充分的扩散，不仅轧态组织中的P化物颗粒完全溶解，P原子在晶内的分布也趋于均匀一致。因此，在随后经过980 ℃保温3 h后，由于已没有P原子在晶内富集，P化物不能在晶内析出，见图3-10(f)，而只能通过P原子向晶界扩散、偏聚，在晶界析出，见图3-10(e)。

以上实验结果表明，合金中P化物的析出与P的偏聚密切相关。如图3-1(a)所示，在轧态组织中，0.025% P合金晶粒已完全再结晶，热加工造成的缺陷通过再结晶全部消除，晶内没有足够的缺陷给P原子高度富集，因此没有观察到P化物在晶内析出。相反，在热加工的冷却过程中，P原子向晶界扩散，造成P化物在部分P富集程度高的晶界析出，见图3-1(b)。尽管只有少量P化物在轧态组织的晶界析出，却可以表明P的晶界偏聚浓度已经趋于P化物可以析出的程度，所以当合金仅在980 ℃保温5 min后，即有大量P化物在晶界析出。

0.025% P合金经过1 060 ℃固溶2 h，P化物完全溶解，此时P以原子态形式分布于晶内和晶界。如果合金以足够快的速度冷却，大部分P原子将在合金中过饱和存在，P在晶界的浓度将不足以析出P化物，见图3-2(g)。一般认为，提高温度一方面将增加P原子的固溶度，减少晶界偏聚；但另一方面会加速P原子的扩散，加剧其晶界偏聚。因此，在P化物的析出温度范围内存在一个最快析出的温度，在本书中即为析出峰温度980 ℃（见图3-2）。

总之，P在合金中的偏聚与析出强烈依赖于P含量、热处理温度、扩散时间。P在合金中的存在形式是原子态还是析出相，无疑将会影响P在IN706合金中的作用性质。通过对P的偏聚与P化物析出规律的研究，控制P的加入量以及热加工参数，可以提高合金使用性能，使P微合金化的作用发挥到最佳。

3.4　本章小结

本章研究了 IN706 合金中 P 的偏聚与 P 化物的析出规律，得到以下主要结论：

(1) 合金中析出的 P 化物为 MNP 型 P 化物，M 代表 Nb、Ti，N 代表 Ni、Fe、Cr，该 P 化物为正交结构，富 P、Nb、Ti，贫 Ni、Fe、Cr。MNP 相在合金中的析出温度范围为 850～1 040 ℃，析出峰温度为 980 ℃，熔点为 1 200～1 250 ℃。

(2) P 在合金中的溶解度为 0.008%～0.013%，P 含量达到或超过 0.013% 时，合金中将析出 P 化物。

(3) P 化物沿轧态晶界的快速析出证明了 P 的晶界偏聚特性。

(4) 高温固溶时 P 主要以原子态形式存在于晶内，从高温冷却或者在析出温度范围保温时，P 原子向晶界扩散进而导致 P 化物沿晶界析出。

(5) 当合金在 1 060 ℃固溶 2 h 或更长时间后以较快速度冷却时，由于 P 的晶界偏聚量太少，合金中不足以析出 P 化物。

第4章 P对IN706合金高温固溶组织及性能的影响

4.1 引　　言

近年的研究表明，加入适量的P能显著提高GH761、IN718、718Plus合金的持久性能和蠕变性能，并对其他性能无有害影响[38-39, 42, 45]。考虑到P的晶界偏聚倾向很大，且P在γ基体、γ'相、γ''相的溶解度很小，过去一直认为它的影响主要在晶界，而对合金晶内组织的影响可以忽略[42, 45]。特别是P对许多合金的拉伸性能无明显影响，而这些合金的拉伸断口均呈穿晶断裂，更是加强了人们的这种看法。

已有的研究发现，IN718、718Plus合金经过标准热处理后，不同P含量合金中析出的γ'相和γ''相在数量、尺寸和分布上没有明显差别[42, 45]。但实际上，P在合金基体中的溶解度并不总是很小，而是随着温度升高而增加。实际上，以上结果并不能说明P对合金的晶内组织没有影响。所以，P对合金晶内的作用有待于进一步深入研究。

本章将IN706合金在高温下长时间保温，一方面使P化物全部溶解，增加P在基体中的溶解度，另一方面使得晶粒充分长大，尽量减少P晶界偏聚所占的比重，研究高温固溶条件下P对晶内强化相、拉伸和冲击性能的影响，P的晶界偏聚与热加工过程之间的关系，并探寻P在合金晶内的作用机制和P对晶界结合力的影响。

4.2　实验材料与方法

4.2.1　实验材料

实验材料与第3章的相同，选取其中2种合金轧棒，P 含量分别为0.002%、0.025%。

4.2.2　热处理制度

为了消除锻造和轧制造成的缺陷，使合金中的P元素分布更加均匀，将两种合金的轧棒试样在1 190 ℃固溶24 h后分别水冷和空冷。由第3章的实验结果得知，合金中 P 化物的析出峰温度为980 ℃，因此本章将空冷和水冷后的两种合金在980 ℃保温不同时间，根据 P 化物的析出快慢来推断冷却速度对 P 晶界偏聚的影响。

4.2.3　显微组织观察及力学性能

在1 190 ℃固溶24 h 冷却后的轧棒上切取试样，做室温拉伸和室温冲击测试。拉伸试样的尺寸为标距段直径5 mm，长50 mm。拉伸实验机为 INSTRON 5582型电子万能实验机，拉伸测试制度为：屈服前横梁位移速率0.45 mm/min，屈服后3 mm/min，直到试样拉断。冲击实验机型号为 SANS-ZBC2452-C，冲击试样为 U 形缺口，试样尺寸为长55 mm，横截面积10 mm × 10 mm，U 形缺口宽度2 mm、深度2 mm、曲率半径1 mm。采用 LECO Microhardness Tester LM247AT 系统测量试样晶内的显微硬度，选用载荷为50 g，保压时间为15 s。

试样的微观组织观察在 Axiovert 200MAT 型光学显微镜、JEOL 6340型扫描电子显微镜、Hitachi S-3400型扫描电子显微镜下进行。采用 JEM-2100型透射电子显微镜在200 kV 电压下、Tecnai G2 F30型透射电子显微镜在300 kV 电压下进行选区电子衍射和能谱分析，对合金中的相做成分分析及相鉴定。通过 Shimadzu Seisakusho 1610型电子探针观察试样中元素的分布情况。金相显微镜、扫描电子显微镜、透射电子显微镜及电子探针观察用试样制备方法与第3章相同。采用 D/Max–2 500 PC X 射线衍射仪（X-Ray Diffraction，XRD）测量并计算基体及强化相的晶格常数。

此外，利用PHI 595型俄歇电子能谱仪测量0.025% P合金1 190 ℃固溶24 h空冷后试样P的晶界浓度。将试样加工成带缺口的 Φ3.6 mm × 31.7 mm 的标准俄歇试样。试样经清洗后装进高真空室内，在真空中破断获得新鲜沿晶断口，进行俄歇电子能谱微区成分分析。分析时，俄歇电子能谱仪的电子加速电压为3 keV，发射电流为30～45 μA，灯丝电流为1.45 A，电子束直径约为0.8 μm，真空度保持在 1.3×10^{-6} Pa。俄歇电子能谱图以能量微分方式记录，采用灵敏度因子法计算晶界偏聚量，假设俄歇电子能谱仪的微分谱上每种元素的峰高正比于浓度，元素 i 的原子分数 C_i 为[132]：

$$C_i=\frac{\frac{H_i}{S_i}}{\sum\frac{H_k}{S_k}} \tag{4-1}$$

式(4-1)中，H_i（或 H_k）和 S_i（或 S_k）分别代表元素 i（或 k）的峰高和灵敏度因子。实验过程中，可能存在极其微量的C、N、O元素被新鲜的沿晶断面所吸附，因此，对晶界处C、N、O元素不进行统计。俄歇电子能谱仪共测量了11条晶界上的P含量，取其平均值作为0.025% P空冷试样中P的晶界浓度。

4.3 实验结果

4.3.1 P对组织的影响

合金经1 190 ℃固溶24 h后的晶粒组织如图4-1所示。两种P含量合金的晶粒组织无明显差别，晶粒尺寸在50 μm到400 μm之间，平均晶粒尺寸约为200 μm。

对两种P含量合金1 190 ℃固溶24 h后水冷和空冷试样的组织进行扫描电子显微镜观察，如图4-2所示。两种P含量合金水冷组织晶界无析出相存在，见图4-2 (a) 和图4-2(c)，但空冷组织中均存在少量较小的白色颗粒状或针状相沿晶界析出。显然，这种晶界析出相是在空冷的过程中析出的。由于该相尺寸较小，采用能谱分析时得到的信息为基体的成分，我们推测该相为IN706合金中的晶界强化相 η

相，见图4-2 (b) 和图4-2 (d)。此外，在空冷和水冷后，合金晶内分布的较大白色颗粒状析出相富 Nb，为合金中常见的 MC 碳化物 [133]。由图4-2可以看出，用扫描电子显微镜观察时，两种 P 含量合金的水冷组织之间以及空冷组织之间均没有明显差别。

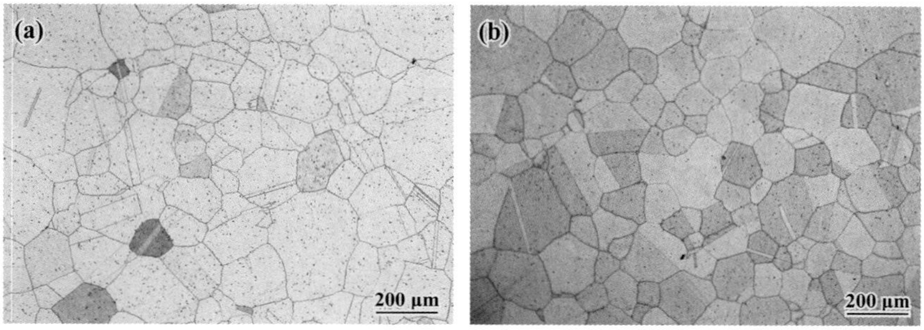

图4-1　两种 P 含量合金在1 190 ℃固溶24 h 空冷后的晶粒组织

(a) 0.002% P；(b) 0.025% P。

在透射电子显微镜下，对两种 P 含量合金经1 190 ℃固溶24 h 后空冷的试样进行观察和电子衍射分析，得到的结果如图4-3所示。图4-3(a)、图4-3(b) 为0.002% P 合金的实验结果，合金仅存在 γ 基体，无强化相析出。图4-3(c)、图4-3(d) 为0.025% P 合金的实验结果，由图4-3(c) 可以看出，合金基体中有许多立方状析出相弥散析出，该析出相尺寸约为15 nm，经选区电子衍射鉴定为 γ' 相。此外，由于水冷冷速太快，两种合金的水冷组织中均无强化相析出。图4-3的结果表明，当合金以较慢的冷却速度从高温冷却时，P 能促进晶内 γ' 相的析出，这与过去一直认为 P 对晶内强化相没有影响的观点不同，在4.4.3节将会进行详细讨论。

对两种合金空冷试样进行 X 射线衍射谱线测定，选取 2θ 角范围136°~140° 慢扫，实验结果如图4-4所示。可以看出，0.002% P 空冷合金仅存在 γ 基体衍射峰，而0.025% P 空冷合金存在 γ、γ' 两相衍射峰。0.002% P 与0.025% P 合金中 γ 相衍射峰的 2θ 角分别为137.826° 及138.105°，与0.002% P 合金比较，0.025% P 合金的 γ 相衍射峰略有右移。0.025% P 合金中 γ' 相 2θ 角为138.801°，衍射峰进一步右移。根据式(4-2) 可以求出 γ、γ' 两相的晶格常数 [134]：

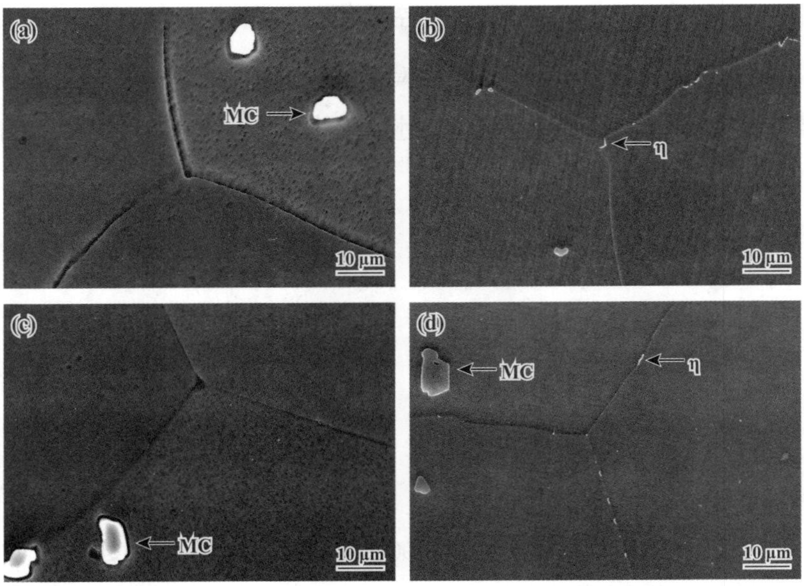

图4-2　两种 P 含量合金在1 190 ℃固溶24 h以不同冷却速度冷却后的显微组织

(a) 0.002% P，水冷；(b) 0.002% P，空冷；(c) 0.025% P，水冷；(d) 0.025% P，空冷。

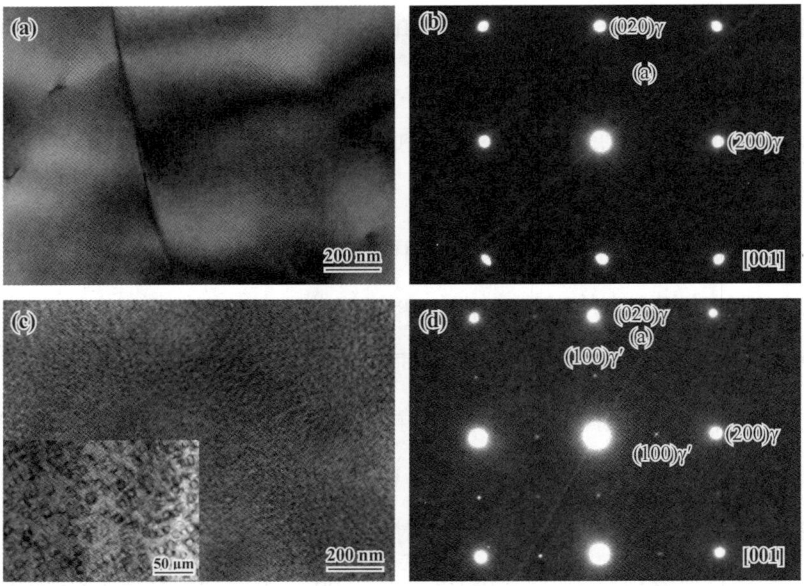

图4-3　两种 P 含量合金在1 190 ℃固溶24 h空冷后的显微组织

(a) 0.002% P，明场透射电子显微镜像；　(b) 0.002% P，[001] 晶带轴的 SAED 谱；

(c) 0.025% P，明场透射电子显微镜像；　(d) 0.025% P，[001] 晶带轴的 SAED 谱。

$$a=\frac{\lambda\sqrt{h^2+k^2+l^2}}{2\sin\theta} \tag{4-2}$$

式中：λ 为 Cu 靶波长，λ=0.154 06 nm；晶面指数 h、k、l 分别为3、3、1；θ 为衍射角。根据式(4-2)计算得到，0.002% P 合金 γ 基体晶格常数 a_{γ}= 0.359 88 nm，0.025% P 合金 γ 基体晶格常数 a_{γ}= 0.359 53 nm，γ' 晶格常数 $a_{\gamma'}$ = 0.358 70 nm。可以看出，P 的加入减小了 γ 基体的晶格常数。考虑到假如 P 在合金中形成间隙固溶体，晶格常数会随着 P 原子的溶入而增大[135]，推测 P 在 IN706 合金基体中应该是以置换的方式存在的。

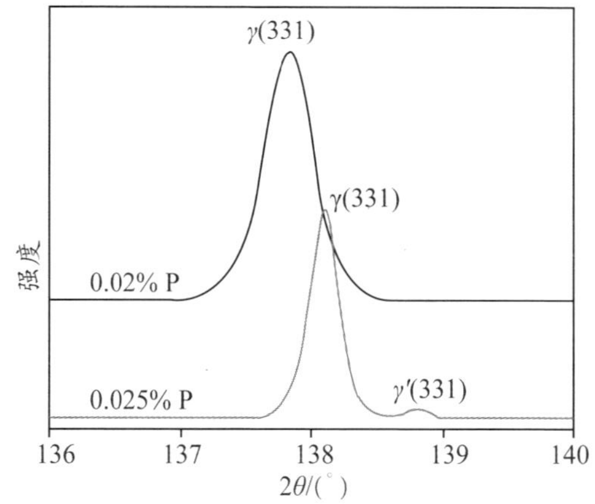

图4-4　两种 P 含量合金在1 190 ℃固溶24 h 空冷后的 X 射线衍射谱

4.3.2　P 对强度和韧性的影响

对0.002% P 合金和0.025% P 合金在1 190 ℃固溶24 h 水冷和空冷样品进行显微硬度测试，实验结果如图4-5所示。0.002% P 合金水冷样品与其空冷样品的显微硬度值相差不大，并且与0.025% P 合金水冷样品数值相近，但0.025% P 合金空冷合金样品的显微硬度却是其他三种样品的两倍。

图4-6为两种 P 含量合金以不同冷却速度冷却后样品的室温拉伸性能，结果表明，0.025% P 空冷合金样品的屈服强度和抗拉强度明显高于其他三种合金，而延伸率却远远低于其他三种合金，这与显微硬度的结果是一致的。对各合金样品

室温拉伸断口进行观察，结果如图4-7所示，0.002% P合金水冷和空冷样品以及0.025% P合金的水冷样品断口都为穿晶断裂，0.025% P合金空冷样品断口则为典型的沿晶断裂。

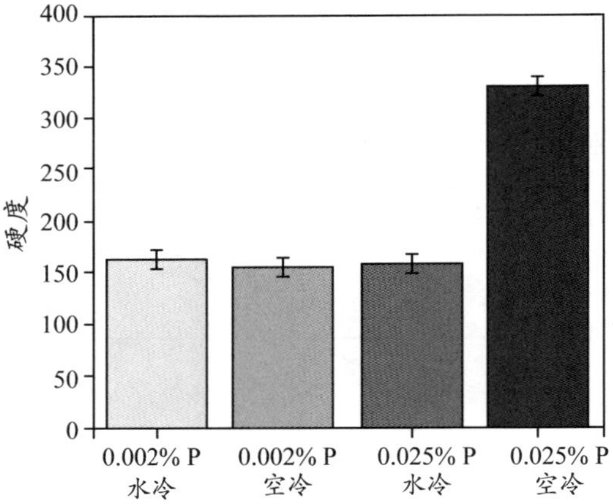

图4-5　两种P含量合金在1 190 ℃固溶24 h以不同冷却速度冷却后样品的显微硬度

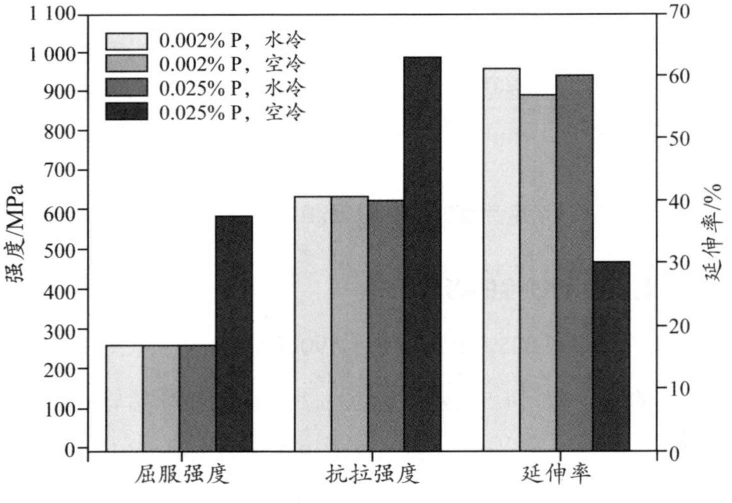

图4-6　两种P含量合金在1 190 ℃固溶24 h以不同冷却速度冷却后样品的拉伸性能

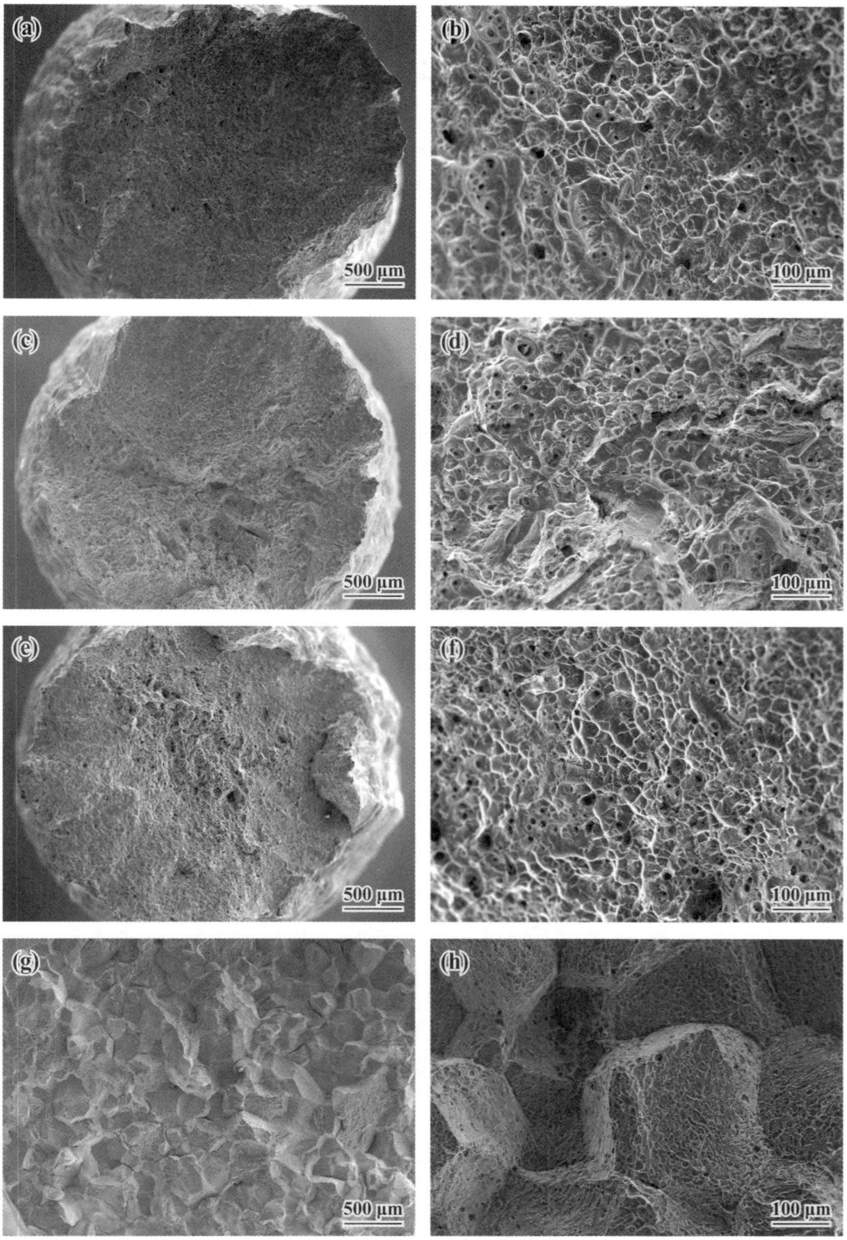

图4-7　两种 P 含量合金在1 190 ℃固溶24 h 以不同冷却速度冷却后的室温拉伸断口形貌

(a)(b) 0.002% P，水冷；(c)(d) 0.002% P，空冷；

(e)(f) 0.025% P，水冷；(g)(h) 0.025% P，空冷。

图4-8为两种 P 含量合金以不同冷却速度冷却后样品的室温冲击性能，结果表明，0.025% P 合金空冷样品的室温冲击韧性明显低于其他三种样品。对各合金样品室温冲击断口进行观察，结果如图4-9所示，0.025% P 合金空冷样品断口为典型的沿晶断裂，其他三种样品断口均为穿晶断裂。

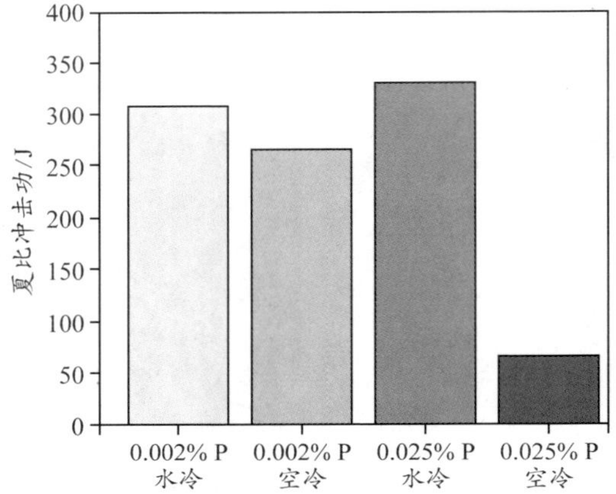

图4-8　两种 P 含量合金在1 190 ℃固溶24 h 以不同冷却速度冷却后的室温冲击韧性

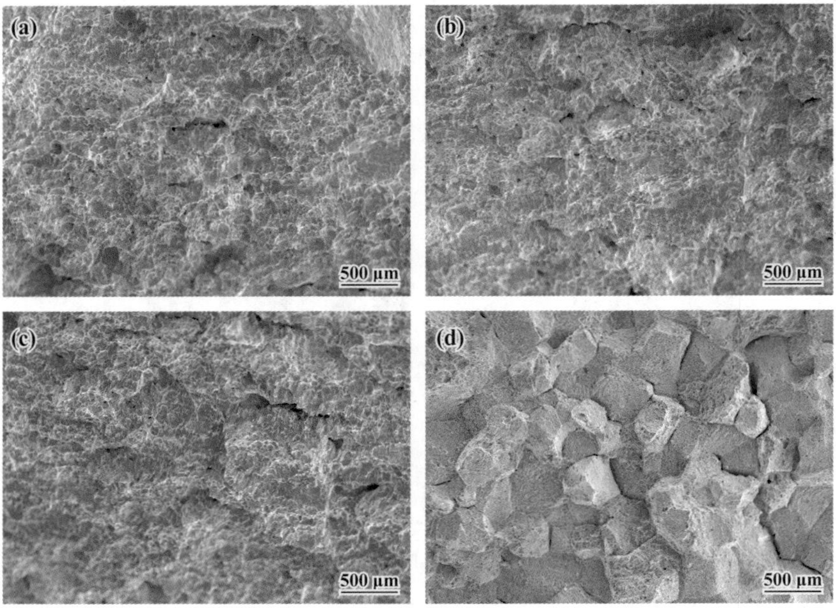

图4-9　两种 P 含量合金在1 190 ℃固溶24 h 以不同冷却速度冷却后的室温冲击断口形貌

(a) 0.002% P，水冷；(b) 0.002% P，空冷；(c) 0.025% P，水冷；(d) 0.025% P，空冷。

综合显微硬度、室温拉伸和室温冲击实验结果可以看出，当合金在1 190 ℃固溶24 h 后冷却，冷却速度由水冷变为空冷不会改变0.002% P 合金的强度、塑性和韧性。但是对于0.025% P 合金，较慢的冷却速度会增加合金的强度，并降低合金的塑性和韧性。这是由于只有较高 P 含量的合金空冷样品中析出了 γ' 相，而其他三种合金样品并没有析出该相(见图4-3和图4-4)。因此可以得出结论，P 促进了IN706合金中 γ' 相的析出。

4.3.3　俄歇电子能谱仪测量晶界 P 含量

图4-10为0.025% P 合金空冷试样在俄歇电子能谱仪真空腔内破断后获得的沿晶断口形貌，可以看出试样为沿晶断裂，并且沿晶断面上没有明显的析出相存在。俄歇电子微分能谱如图4-11所示，结果表明晶界上明显有P的存在。由图4-2可知，0.025% P 空冷合金中无 P 化物析出，由此可以认为，P 在合金晶界上是以原子态的形式存在的。随机测量了试样11个不同晶界的 P 浓度，根据式(4-1)进行计算，得到 P 的平均晶界浓度为1.38% (原子浓度)，相当于 P 在该合金中浓度(0.045%)的30倍，说明 P 在晶界发生了偏聚。

图4-10　0.025% P 合金1 190 ℃空冷试样在俄歇电子能谱仪中获得的沿晶断口形貌

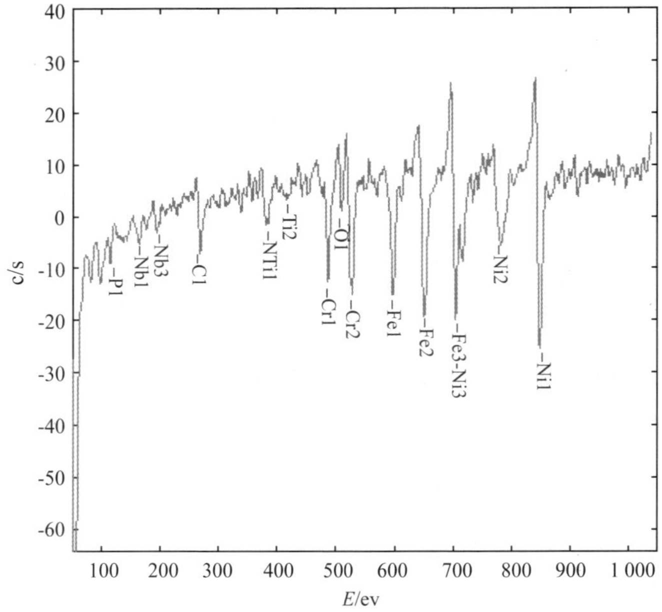

图4-11　0.025% P 合金1 190 ℃空冷试样的俄歇电子能谱图

4.3.4　P 化物的析出

将两种合金在1 190 ℃固溶24 h 水冷或空冷，再在980 ℃保温不同时间后水冷(试样水冷是为了尽量避免冷却过程中产生晶界偏聚)，通过扫描电子显微镜观察 P 化物的析出情况。如图4-12所示，对于0.025% P 水冷合金，在980 ℃保温5 min 时，试样尚未析出 P 化物，见图4-12(a)，直到保温10 min 后,P 化物才在晶界析出，见图4-12(b)。对于0.025% P 空冷合金，在980 ℃保温5 min 时 P 化物即在晶界析出，见图4-12(c)。对图4-12(b) 中的 P 化物进行能谱分析仪分析表明，其成分为36.91Ni、15.60 Cr、2.85 Ti、6.88 Nb、3.30 P、Fe 余量(质量分数,%)，如图4-12(d) 所示。考虑到 P 化物的尺寸小于0.5 μm，而能谱分析仪束斑直径一般为1 μm 左右，因此 P 化物中 P、Ni、Ti 含量应该更高。

如图4-13所示，0.025% P 空冷合金在980 ℃保温60 min 后，P 化物的尺寸和数量都有明显的增加。用 EPMA 面扫发现高度富集 P 元素的 P 化物均在晶界析出，而0.002% P 合金则未发现P化物的存在，见图4-14。这与第3章的实验结果相同，即0.002% P 合金不析出P化物。0.025% P 合金经过足够长时间固溶处理后，P原子经过充分的扩散，在晶内的分布也趋于均匀一致，因此P原子只能向晶界扩散、偏聚，并在晶界析出。

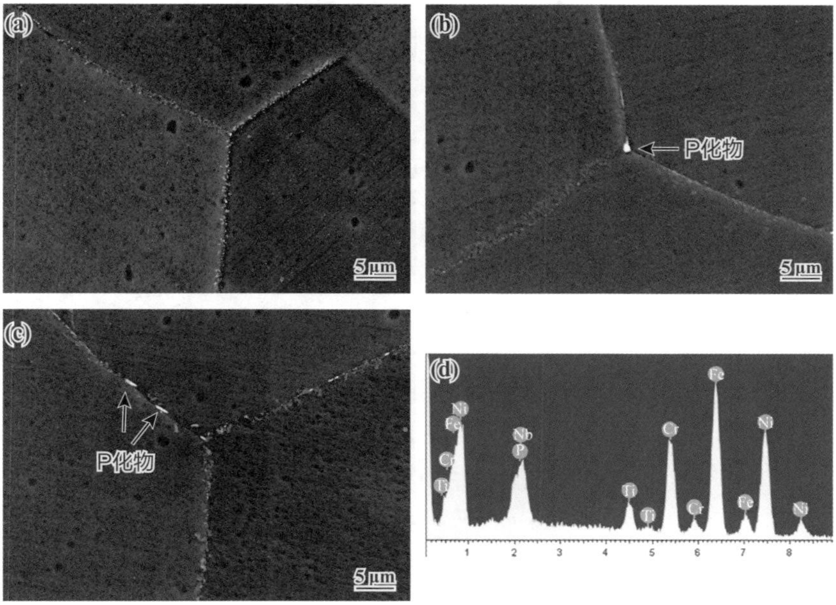

图4-12　0.025% P 合金从1 190 ℃以不同冷却速度冷却再在980 ℃保温不同时间后的组织形貌

(a) 1 190 ℃水冷 +980 ℃保温5 min；(b) 1 190 ℃水冷 +980 ℃保温10 min；(c) 1 190 ℃空冷 +980 ℃保温5 min；(d) P化物能谱分析仪分析结果。

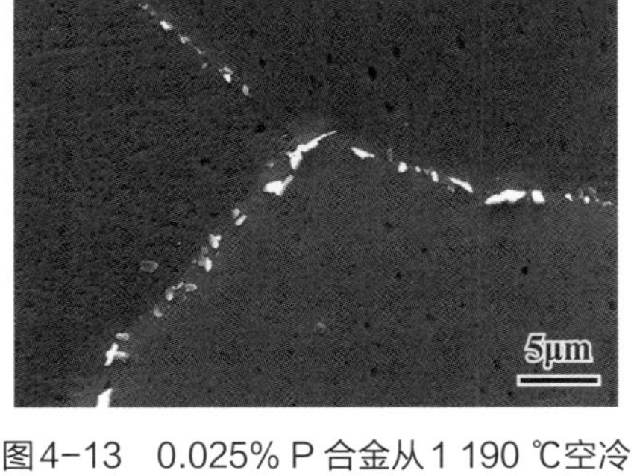

图4-13　0.025% P 合金从1 190 ℃空冷再在980 ℃保温60 min 后的组织形貌

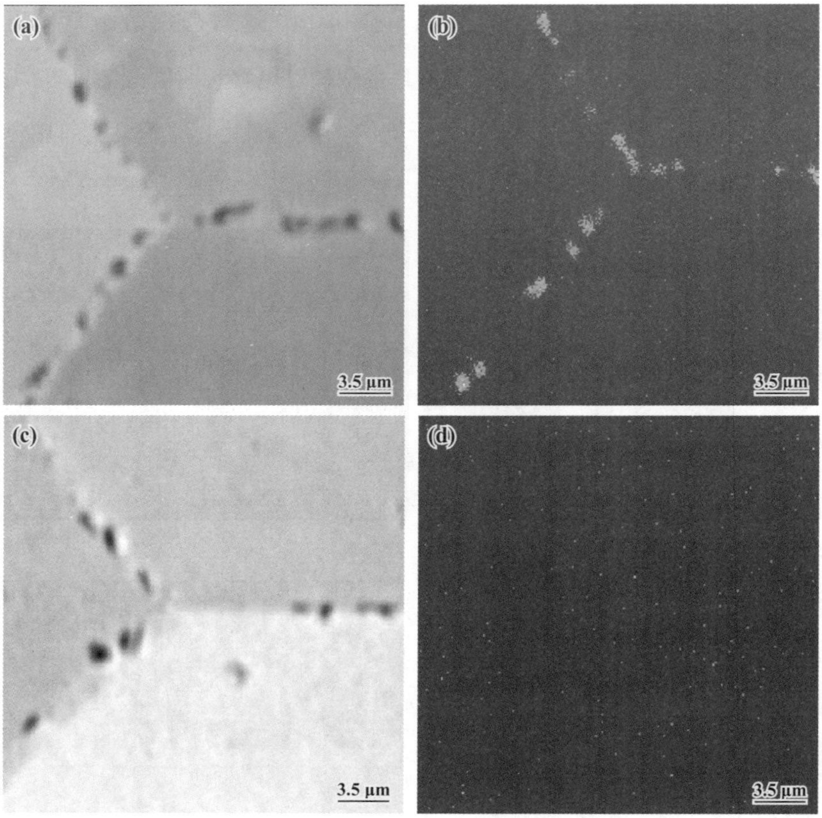

图4-14　两种合金从1 190 ℃空冷再在980 ℃保温60 min后P的分布情况

(a) 0.025% P 合金，背散射电子像；(b) 0.025% P 合金，P 分布；

(c) 0.002% P 合金，背散射电子像；(d) 0.002% P 合金，P 分布。

使用透射电子显微镜对0.025% P 合金中析出的 P 化物进行物相鉴定及成分分析，如图4-15所示，图4-15(a) 为 P 化物的透射电子显微镜明场相，图4-15(b) 和图4-15(c) 为图4-15(a) 中标示为“1”的点所对应的选区电子衍射谱和能谱分析结果。可以看出，合金经1 190 ℃固溶24 h，再在980 ℃保温时析出的晶界 P 化物为具有正交结构的 MNP 型 P 化物，进一步验证了第3章3.3.1.3节关于 P 化物物相鉴定的实验结果。

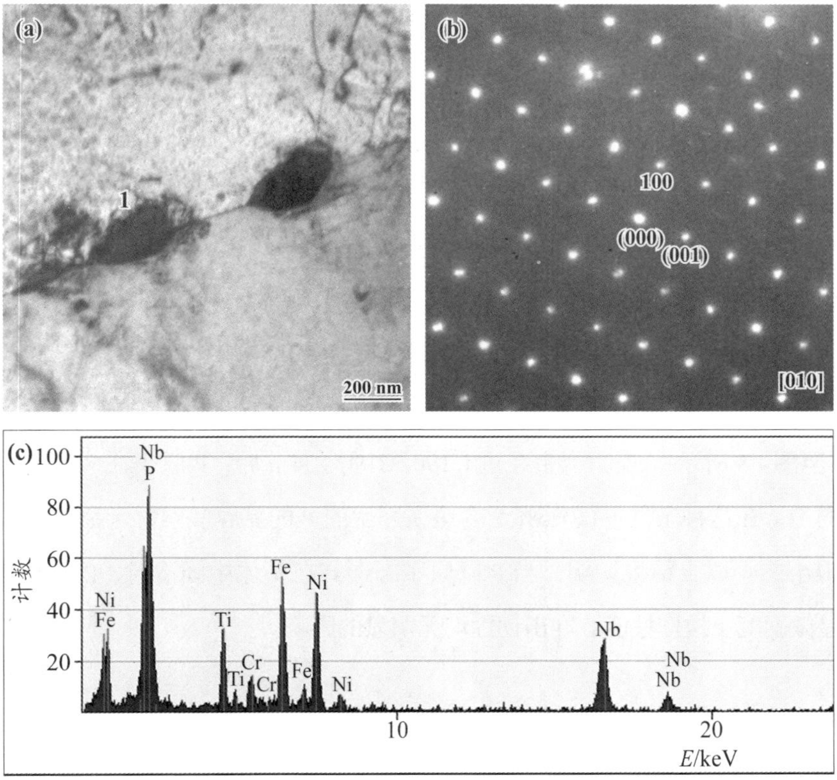

图4-15　0.025% P 合金1 190 ℃空冷再在980 ℃保温60 min 后析出 P 化物的物相鉴定

(a) 晶界 P 化物透射电子显微镜像；　(b) 图 (a) 中颗粒 1 的电子衍射谱；

(c) 图 (a) 中颗粒 1 的能谱分析仪分析结果。

4.4 讨　论

4.4.1 P 的分布和偏聚

当两种 P 含量的合金经1 190 ℃ 固溶24 h 水冷或空冷后，合金中均没有 P 化物析出。以相同的冷却速度冷却时，用扫描电子显微镜观察两种 P 含量合金的显微组织，发现它们没有明显差别(如图4-2所示)。但是，当0.025% P 合金从1 190 ℃冷却再在980 ℃保温不同时间后，合金中析出了 P 化物。此外，空冷合金开始析出 P 化物的时间比水冷合金早，见图4-12。这表明0.025% P 合金在空冷的过程中已发生P原子向晶界的扩散和偏聚，并且俄歇电子能谱仪的实验结果也进一步证实了P的晶界偏聚(如图4-10和图4-11所示)。

如图4-13所示,P化物的大小、数量随着在980 ℃保温时间的延长而显著增加，这是在保温的过程中P原子继续向晶界扩散造成的。由于P在IN706合金γ基体中的溶解度大于0.002%，因此0.002% P合金晶界的偏聚浓度不足，即使在980 ℃保温60 min后仍然不会析出P化物(如图4-14所示)。

对于0.002% P合金的水冷及空冷试样，以及0.025% P合金的水冷试样，显微硬度、室温拉伸性能、室温冲击韧性，甚至拉伸和冲击的断裂模式均是一致的(如图4-5至图4-9所示)，表明合金经过1 190 ℃固溶24 h后，P原子在γ基体中已经分布均匀，在这种条件下0.025% P合金所产生的P的晶界偏聚对合金性能来说影响是很小的。以上结果说明，当P以原子态形式在基体中固溶时，P对IN706合金的显微硬度、拉伸性能、冲击韧性均无明显的影响。

4.4.2 P晶界偏聚对晶界结合力的影响

研究发现，微量元素在晶界偏聚能引起某些金属的沿晶脆性，例如Bi在Cu中，S在Ni中，As、Sn、Sb、S在钢中[136]。但是，有时溶质原子的晶界偏聚也能提高一些多晶材料的塑性，如B在Ni_3Al合金中[137-138]。受P在钢中的作用影响，传统观点认为P偏聚于晶界会弱化合金的晶界结合力[139-143]。但近年来在高温合金中先后发现了P的有益作用，一些研究者推测，P在合金中有强化晶界的作用。最近，刘等人[91]通过第一性原理计算证实，在Ni基高温合金中P的晶界偏聚能提高合金的晶界强度。

本章的实验结果显示，对于P含量为0.025%的合金，经过1 190 ℃固溶24 h后，其空冷试样的拉伸塑性、冲击韧性都远远低于水冷试样。尽管水冷试样的拉伸和冲击断口呈穿晶断裂，空冷试样的拉伸和冲击断口呈沿晶断裂，并且俄歇电子能谱仪测量到P在0.025% P空冷合金的晶界偏聚，但并不能说明P的晶界偏聚会降低合金的塑性、韧性以及晶界结合力，因为0.025% P空冷合金晶内析出的γ'

相会降低合金的塑性和韧性。

为了消除 γ' 相的影响，我们将两种 P 含量的合金在1 190 ℃固溶24 h 空冷后再进行双时效处理(720 ℃×8 h，炉冷至620 ℃，620 ℃×8 h，空冷)，使得两种合金中的晶内强化相得到比较充分的析出，再来比较 P 对 IN706合金室温拉伸性能的影响。拉伸性能测试结果如图4-16所示，0.025% P 合金的屈服强度和抗拉强度高于0.002% P 合金，延伸率低于0.002% P 合金。拉伸断口形貌如图4-17所示，两种 P 含量合金均呈典型的沿晶断裂，但0.002% P 合金晶粒表面有更多的韧窝存在。

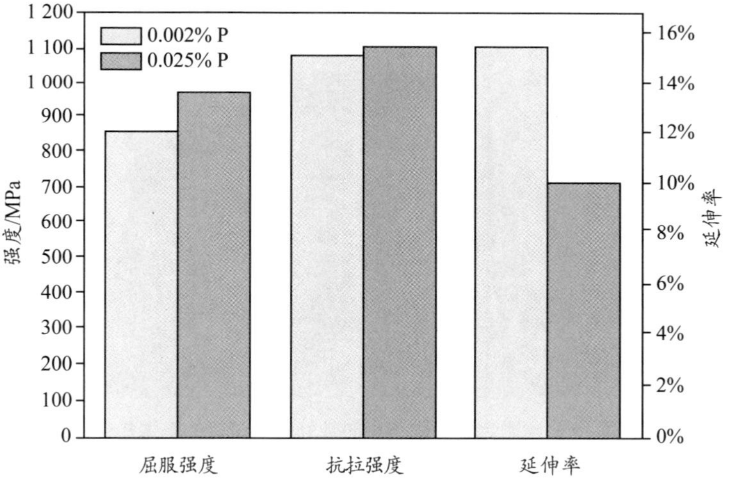

图4-16　P 含量对 IN706合金经固溶和时效处理后试样室温拉伸性能的影响

相对于0.002% P 合金，进行时效处理后的0.025% P 合金具有更高的屈服强度，这表明 P 提高了 IN706合金晶内的强度。根据本章实验结果以及4.4.1节的讨论，当 P 以原子态固溶于基体时,P 对 IN706合金的强度和韧性没有明显的影响，因此，P 提高合金晶内的强度可以认为是由于 P 促进晶内 γ' 相的析出引起的。

如图4-16和图4-17所示，经过时效处理后0.025% P 合金的延伸率明显低于0.002% P 合金，并且0.025% P 合金的晶界面更加光滑，似乎 P 降低了合金的晶界结合力，但事实并非如此。因为经过固溶和时效处理后，两种 P 含量合金室温拉伸断口均呈典型的沿晶断裂，所以合金的抗拉强度是由其晶界强度决定的，如果

P 弱化了晶界结合力，那么0.025% P 合金的抗拉强度应该会低于0.002% P 合金。由此我们可以得出结论，P 的晶界偏聚并不会降低 IN706 合金的晶界结合力。

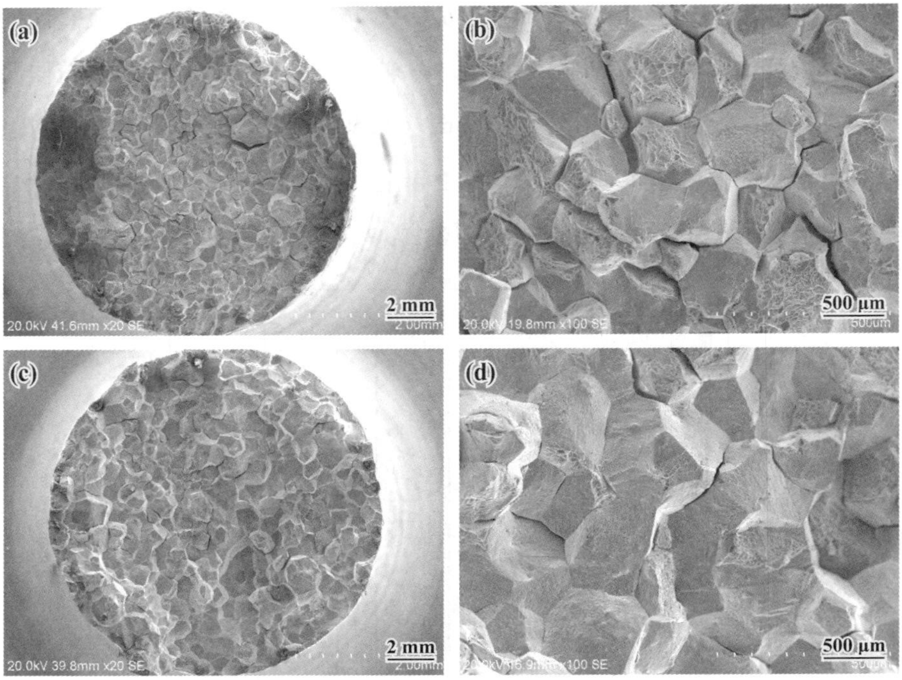

图4-17　两种 P 含量合金经固溶和时效处理后试样的室温拉伸断口形貌

(a)～(b) 0.002% P；(c)～(d) 0.025% P。

4.4.3　P 对 γ' 相析出的影响

Ni-Fe-Cr 基变形高温合金 IN706 合金主要由具有 Ni_3X 型结构共格弥散析出的有序面心立方 $Ni_3(Al,Ti)$-γ' 相及有序体心四方 Ni_3Nb-γ'' 相强化奥氏体基体。之前的研究认为，P 在高温合金中主要偏聚于晶界，对晶内强化相的析出不会造成明显影响 [42, 45]。但本章中如图4-3和图4-4所示的实验结果却发现，在空冷过程中 P 显著促进 γ' 相的析出。

根据经典形核理论，形核是一个能量驱动过程。γ 基体在固溶温度以上达到饱和状态，当其冷却至低温时，由于固溶度的降低，γ' 相将从过饱和的 γ 基体中析出。对于半径为 r 的球形析出相，形核功 ΔG^* 和临界形核半径 r^* 可以表示为 [144-145]：

$$\Delta G^* = \frac{16\pi\sigma^3}{3\left(\Delta G_v + \Delta G_s\right)^2} \tag{4-3}$$

$$r^* = \frac{2\sigma}{\Delta G_v + \Delta G_s} \tag{4-4}$$

式中：ΔG_v 为析出单位体积 γ' 相所引起的自由能变化，$\Delta G_v<0$；ΔG_s 为析出单位体积 γ' 相所引起的应变能；σ 为单位面积 γ 基体与 γ' 相的界面能。

当系统自由能的降低能够克服 γ' 相析出所引起的应变能和界面能时，形核就会发生。当新相与母相共格时，相变阻力主要来自应变能，界面能可以忽略[146]。应变能与 γ、γ' 两相晶格之间的错配度 δ 有关：$\delta=2(a_{\gamma'}-a_\gamma)/(a_{\gamma'}+a_\gamma)$。错配度的绝对值越小，应变能 ΔG_s 越小，因为 $\Delta G_v<0$，所以形核功 ΔG^* 也越小。由 4.3.1 节 XRD 实验结果可知，γ' 相的晶格常数 $a\gamma'$ 小于 γ 相的晶格常数 $a\gamma$，这与之前 IN706 合金晶格常数的研究结果是一致的[147]。相对于 0.002% P 合金，0.025% P 合金 γ 相晶格常数更小，因而具有更小的晶格错配度 δ 及应变能 ΔG_s。所以，0.025% P 合金形核时需要的形核功 ΔG^* 以及临界形核半径 r^* 都更小，更易于形核。

根据相关研究中 IN706 合金的时间—温度—组织转变（time-temperature-transformation，TTT）曲线[133]（如图 4-18 所示），γ' 相的析出温度范围为 540～870 ℃，γ'' 相的析出温度范围为 760～816 ℃，γ'' 相析出温度范围明显小于 γ' 相。因此推测，由于从 1 190 ℃空冷时的冷却速度太快，导致 0.025% P 合金中仅析出 γ' 相，而不析出 γ'' 相。

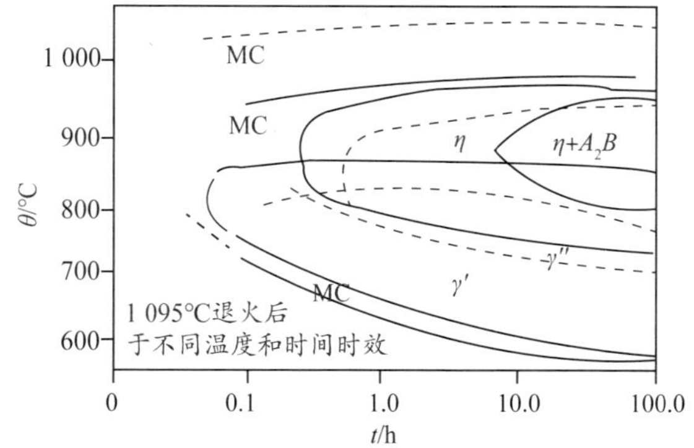

图 4-18　IN706 合金的时间—温度—组织转变曲线[133]

4.5 本章小结

本章研究了高温固溶状态下 P 含量和冷却速度对 IN706 合金组织和力学性能的影响，重点关注 P 对晶内强化相的析出以及晶界结合力的影响，得到如下主要结论：

(1) 合金在 1 190 ℃保温，P 主要以原子态固溶于 γ 基体时，在冷却的过程中，P 原子向晶界进行扩散和偏聚。

(2) 当固溶于 γ 基体时，P 不会影响合金的显微硬度、室温拉伸性能以及室温冲击性能。当从 1 190 ℃空冷加时效处理后，P 提高了合金的显微硬度、室温拉伸强度，降低了延伸率、室温冲击韧性。

(3) P 在 IN706 合金晶界偏聚不会降低晶界结合力。

(4) 当冷却速度足够低时，P 通过减少 γ 与 γ' 相的晶格错配度促进 IN706 合金中 γ' 相析出，从而增强合金的强度和显微硬度。

第5章 P对热处理态IN706合金组织及持久性能的影响

5.1 引 言

P是高温合金中常见元素之一，传统观念认为P对于高温合金是一种有害元素。但是近年来的研究表明[36-46]，适量的P能够显著改善GH761、IN718等合金的持久性能和蠕变性能，使得合金的持久寿命成倍提高。P的有益作用存在峰值效应，在最佳P含量时，持久寿命将达到峰值。对于不同的高温合金，使其持久寿命达到峰值对应的P含量不同。在GH761合金中，持久寿命峰值对应的P含量约为0.016%[38]；在IN718合金中，相应的P含量在0.025%左右[72]。P含量过高或过低，合金的持久寿命均有所下降。

在以往的研究中，主要将P在高温合金中的有益作用归因于P对晶界的影响：降低晶界能，改变晶界相析出行为，提高晶界结合力，阻碍环境氧沿晶界侵入[38-39, 41-42, 45]。近期刘等人的研究采用第一性原理证实了P对Ni晶界结合力的增强作用，并进一步发现P在Ni的晶界偏聚浓度存在一个最佳值，这个最佳晶界偏聚浓度与P的最佳含量相对应[91]。由此可见，P对合金力学性能的影响与P在晶界的浓度有关。

IN706合金由IN718合金发展而来，其基体成分Ni、Fe、Cr的含量与GH761合金相近，强化方式与IN718合金相似，都是以γ'、γ''相复合强化[37, 41, 148-149]。根据第3、4章的实验结果得知，当P在IN706合金中的含量超过0.008%时，在适当的热处理条件下，P以MNP型P化物的形式析出，且热处理制度能显著影响P化物的析出数量和分布。一旦析出P化物，P在合金中的溶解度将会降低，P在晶界偏聚的浓度也将随之降低。因此，本章研究不同热处理条件下，P 对 IN706 合金组织和持久性能的影响，揭示 P 的分布形态与其作用之间的关系。

5.2 实验材料与方法

5.2.1 实验材料及热处理制度

实验材料与第3章相同，选取其中4种 P 含量合金(质量分数)：0.002%、0.008%、0.013%、0.017%。合金轧态组织如图5-1所示，各合金平均晶粒度都为 ASTM 12 级。从合金轧棒上切取试样进行热处理，具体热处理制度如表5-1所示。其中：标准热处理制度为固溶 + 稳定化 + 时效的三阶段热处理，即在980 ℃固溶3 h 让 P 化物充分析出，在845 ℃保温3 h 析出晶界强化相 η 相，在730 ℃ + 620 ℃双时效处理析出晶内强化相。非标准热处理制度提高了合金的固溶温度，在1 060 ℃固溶2 h，使合金中的 P 原子全部固溶后再进行双时效热处理(不进行845 ℃热处理)。

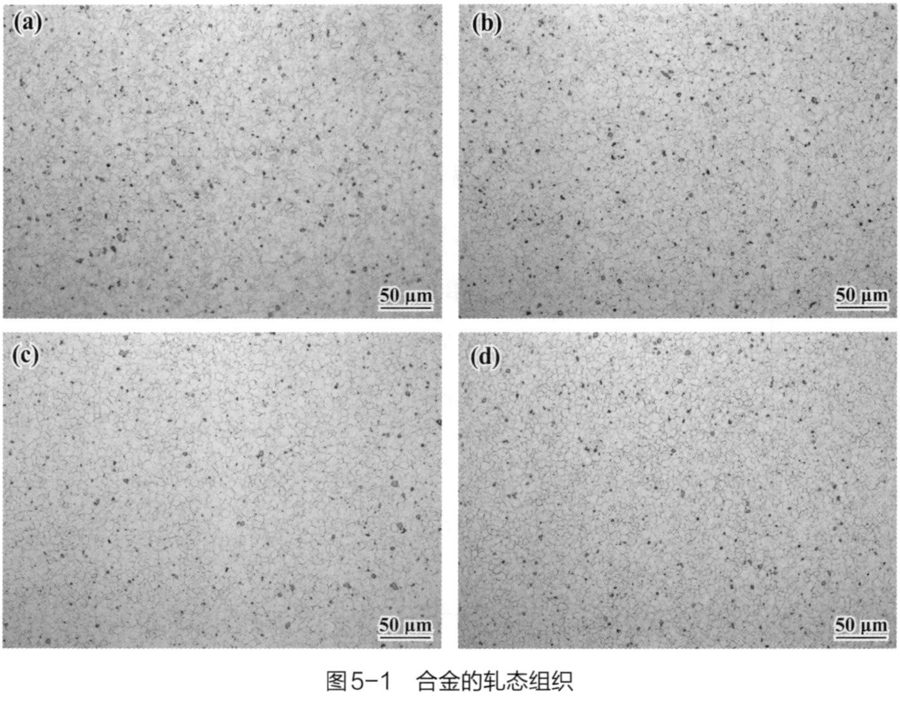

图5-1　合金的轧态组织

(a)0.002% P；(b)0.008% P；(c)0.013% P；(d)0.017% P。

表5-1　合金的热处理制度

名称	热处理过程
标准热处理	980 ℃ ×3 h，空冷 +845 ℃ ×3 h，空冷 + 730℃ ×8 h，55 ℃ /h，620 ℃ ×8 h，空冷
非标准热处理	1 060 ℃ ×2 h，空冷 + 730 ℃ ×8 h，55 ℃ /h，620 ℃ ×8 h，空冷

5.2.2　显微组织观察及力学性能

试样的微观组织观察在 Axiovert 200MAT 型光学显微镜、JEOL 6340 型扫描电子显微镜、Hitachi 8010 型扫描电子显微镜、Hitachi S-3400 型扫描电子显微镜、JEM-2100 型透射电子显微镜下进行，采用扫描电子显微镜配备的能谱分析仪对合金中的相进行成分分析。试样制备方法与第 3 章 3.2.3 节相同。

用机械式高温蠕变实验机 RDJ50 测量合金的持久性能，持久试样尺寸为标距段直径 5 mm、长度 25 mm 的光滑试样。标准热处理制度试样的持久实验条件为 650 ℃ /690 MPa，非标准热处理制度试样的持久实验条件为 650 ℃ /650 MPa（由于非标准制度热处理后，合金中不析出晶界 η 相，为明确 P 的作用，降低了加载载荷）。每种 P 含量合金的持久性能在相同热处理条件下测试 2 个试样，取其平均值。

5.3　实验结果

5.3.1　P 对标准制度热处理合金组织和持久性能的影响

标准制度热处理后合金的晶粒组织如图 5-2 所示。合金晶粒尺寸统计结果分别为：43 μm（0.002% P 合金）、45 μm（0.008% P 合金）、48 μm（0.013% P 合金）、52 μm（0.017% P 合金）。不同 P 含量合金的平均晶粒度均为 ASTM 6 级，P 对合金的晶粒尺寸没有明显影响。

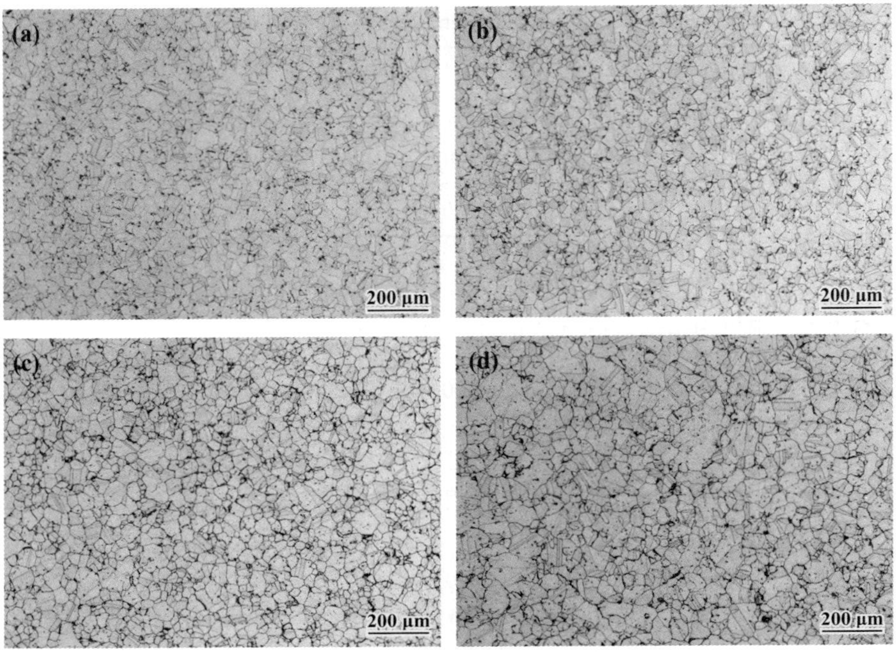

图5-2 标准制度热处理后合金的晶粒组织

(a) 0.002% P；(b) 0.008% P；(c) 0.013% P；(d) 0.017% P。

采用扫描电子显微镜观察合金经标准制度热处理后的组织形貌，如图5-3所示。四种 P 含量合金均存在颗粒状析出相，分为较大尺寸和较小尺寸两种。其中较大尺寸的颗粒状相在四种 P 含量合金的晶内和晶界都有析出，能谱分析仪分析表明，该相富 Nb 元素，见图5-3(e)，推测为合金凝固过程中形成的 MC 碳化物；较小尺寸的颗粒状析出相只在 P 含量为0.013% 和0.017% 的合金中析出，能谱分析仪分析表明，该相含 P 元素，见图5-3(f)，为第3章的研究确定的 MNP 型 P 化物。该实验结果与第3章的研究结果一致，即 IN706 合金经980 ℃固溶处理3 h 后，P 含量达到或超过0.013% 时，合金中将析出 P 化物。

晶界组织方面，P 含量为0.002% 和0.007% 的合金大部分晶界无析出相，仅少量晶界析出棒状或条状 η 相，见图5-3(a) 和图5-3(b)；P 含量为0.013% 和0.017% 的合金密集析出大量长针状 η 相，相互平行向晶内生长，见图5-3(c) 和图5-3(d)。η 相经 SAED 确定，衍射斑点如图5-3(c) 所示。以上结果说明，对于标准热处理制度而言，P 显著影响合金晶界 η 相的析出。如图5-4所示，针状 η 相周围可见 γ' 和 γ'' 相析出贫化区。柴田（Shibata）等在经780～840 ℃稳定化处理的 IN706 合金中也发现了类似的现象，推测其是由 γ' 相向 η 相的组织转变引起的[150]。晶内组织方面，使用透射电子显微镜观察合金晶内强化相析出形貌，结果如图5-5所示。可以观察到 γ' 与 γ'' 相共析出，其中立方状的为 γ' 相，圆盘状的为 γ'' 相，不同 P 含量合金晶内 γ'、γ'' 相尺寸、形貌、分布均差别不大。

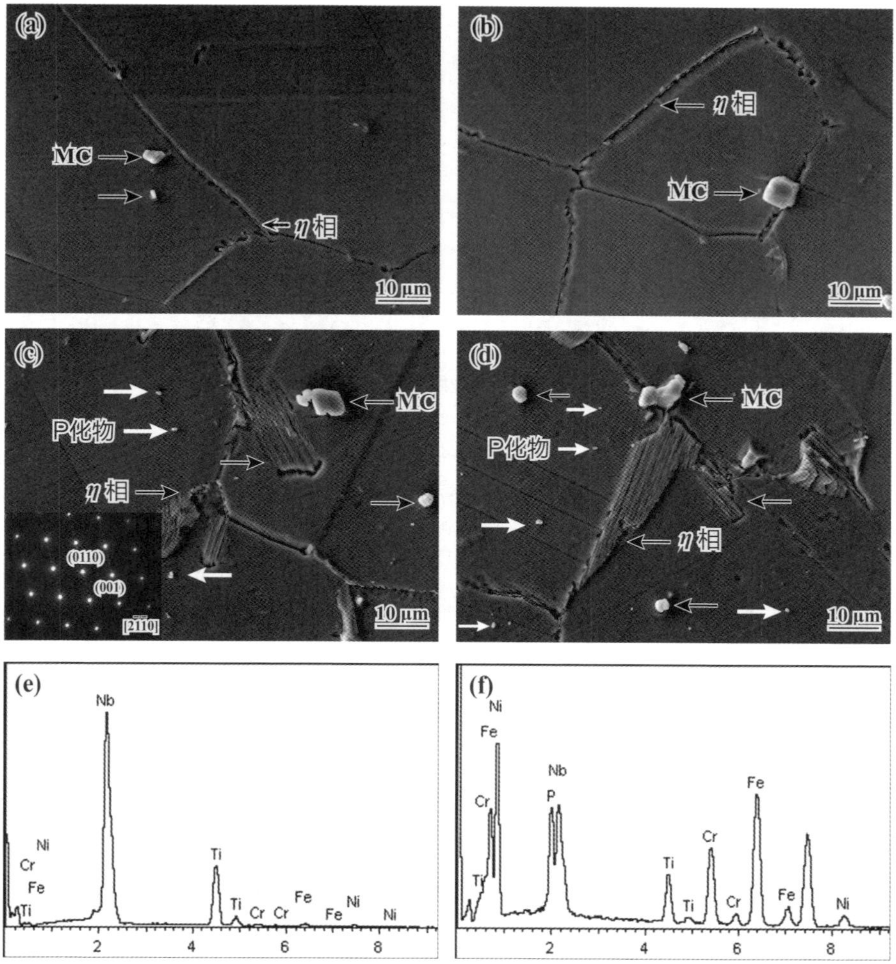

图5–3　标准制度热处理后合金的显微组织

(a) 0.002% P；(b) 0.008% P；(c) 0.013% P；(d) 0.017% P；

(e) MC 碳化物能谱分析仪分析结果；(f) P 化物能谱分析仪分析结果。

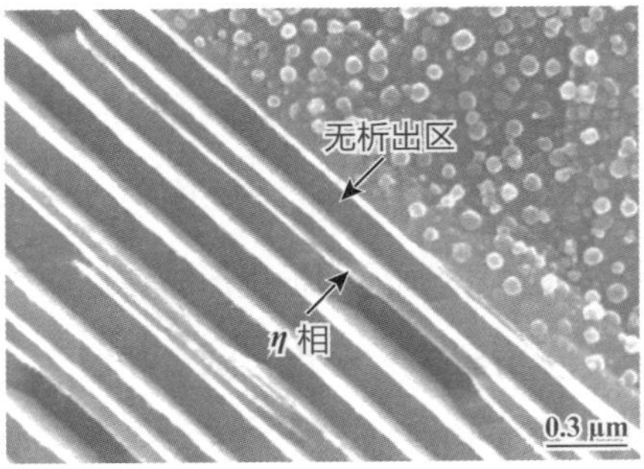

图5-4　标准制度热处理后合金的显微组织

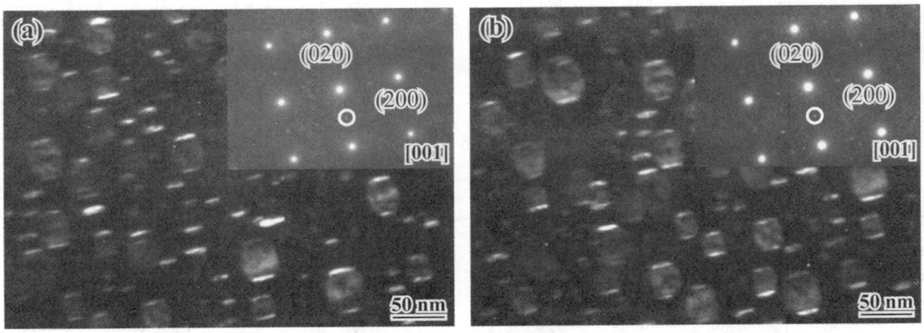

图5-5　标准制度热处理后合金的晶内析出相形貌

(a) 0.002% P；(b) 0.017% P。

在标准热处理制度条件下，P 对 IN706 合金 650 ℃ /690 MPa 持久性能的影响如图5-6所示。由图可见，P 含量为0.002% 的合金的持久寿命为76 h，P 含量为0.008% 的合金的持久寿命为117 h，持久寿命增加了 54%。当 P 含量继续增加时，合金的持久寿命显著降低，P 含量为0.013% 和0.017% 的合金的持久寿命均为64 h。各合金的持久延伸率变化不大。因此，标准热处理制度条件下 IN706 合金持久性能最佳的 P 含量为0.008% 左右。

如图5-7所示为四种 P 含量合金经标准制度热处理后，650 ℃ /690 MPa 的持久断口形貌。由图5-7(a) 至图5-7(d) 可见，P 含量为0.002% 和0.008% 的合金持久断口由沿晶断裂区、混晶区和穿晶断裂区组成，裂纹首先在晶界萌生和扩展，形成沿晶断裂区，随着沿晶断裂区的扩大，应力不断增加，最后试样瞬时断裂，形成穿晶瞬断区。图5-7(b) 和图5-7(d) 分别为图5-7(a) 和图5-7(c) 中沿晶断裂区域的高倍扫

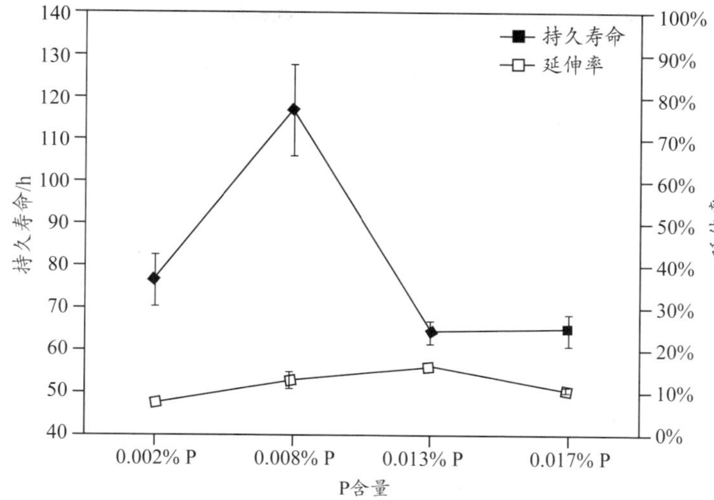

图 5-6　P 含量对标准制度热处理合金 650 ℃ /690 MPa 持久性能的影响

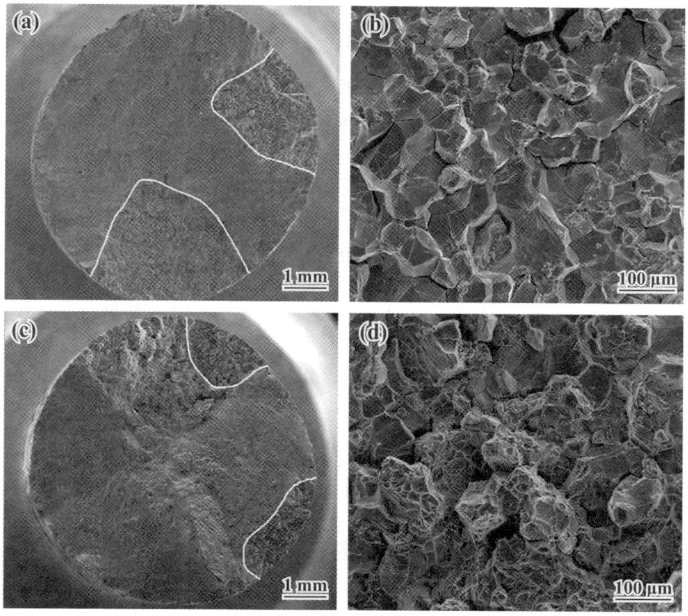

图 5-7　标准制度热处理后合金 650 ℃ /690 MPa 持久断口形貌

(a) 0.002% P 合金断口宏观形貌；(b)0.002% P 合金沿晶断裂区高倍扫描电子显微镜照片；

(c) 0.008% P 合金断口宏观形貌；(d)0.008% P 合金沿晶断裂区高倍扫描电子显微镜照片；

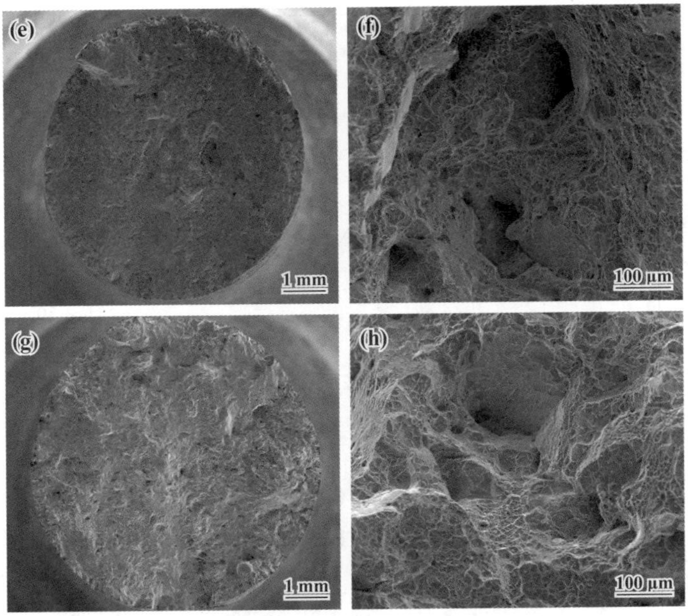

续图 5-7

(e) 0.013% P 合金断口宏观形貌；(f)0.013% P 合金沿晶断裂区高倍扫描电子显微镜照片；(g) 0.017% P 合金断口宏观形貌；(h)0.017% P 合金沿晶断裂区高倍扫描电子显微镜照片。

描电子显微镜照片。两种合金沿晶断裂区都存在一定数量的韧窝和二次裂纹。相对来说，P 含量为 0.008% 的合金的断裂表面含有更多的韧窝。由图 5-7(e) 至图 5-7(h) 可见，P 含量为 0.013% 和 0.017% 的合金持久断口呈沿晶加穿晶的混晶断裂模式，晶粒表面不光滑，出现了明显的塑性变形特征。

各合金经 650 ℃ /690 MPa 持久断裂后，断口附近纵剖面的微观组织如图 5-8 所示。可以看出，在 P 含量为 0.002% 和 0.008% 的合金的持久试样中，除断口主裂纹附近的二次裂纹外，试样内部几乎不存在沿晶裂纹，并且 0.002% P 合金的二次裂纹相对于 0.008% P 合金尺寸更大；而在 P 含量为 0.013% 和 0.017% 的合金试样内部，却存在大量的沿晶裂纹，某些裂纹萌生于晶界向晶内扩展，如图 5-8(c) 中箭头所示。图 5-9 中可见针状 η 相附近的裂纹。

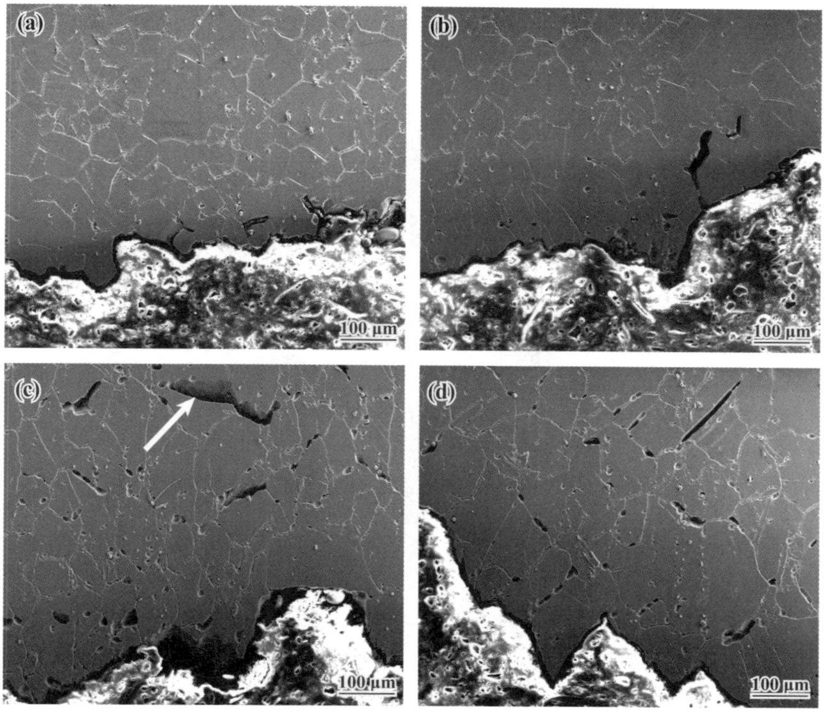

图5-8　标准制度热处理后合金650 ℃/690 MPa持久断口附近纵剖面的微观组织
(a) 0.002% P；(b) 0.008% P；(c) 0.013% P；(d) 0.017% P。

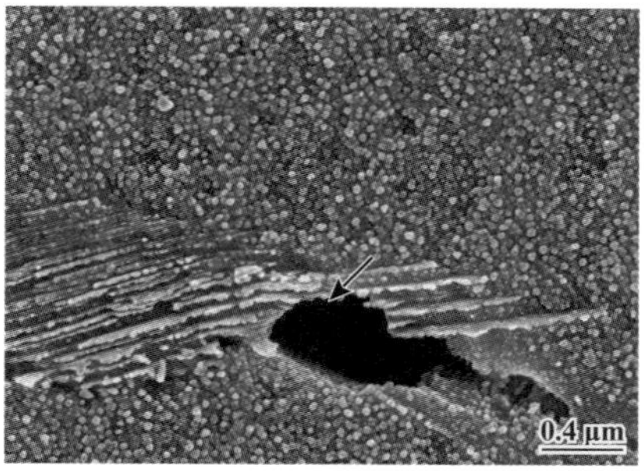

图5-9　标准制度热处理后0.013% P合金650 ℃/690 MPa持久断口处纵剖面形貌

5.3.2　P 对非标准制度热处理合金组织和持久性能的影响

各合金经非标准制度热处理后的晶粒组织如图5-10所示。不同P含量合金的平均晶粒度均为ASTM 4级，P对合金的晶粒尺寸没有明显影响。各合金晶粒尺寸统计结果分别为：100 μm(0.002% P 合金)、114 μm(0.008% P 合金)、108 μm(0.013% P 合金)、116 μm (0.017% P 合金)。

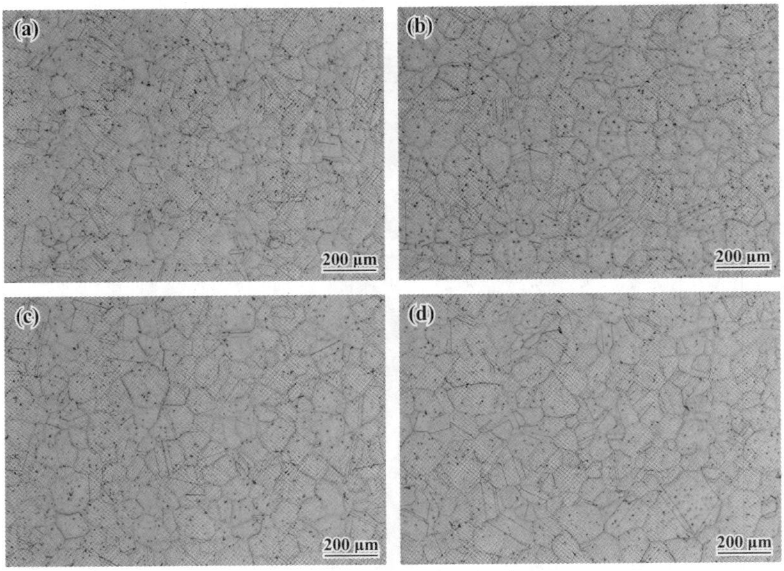

图5-10　非标准制度热处理后合金的晶粒组织

(a) 0.002% P；(b) 0.008% P；(c) 0.013% P；(d) 0.017% P。

采用扫描电子显微镜观察到的合金经非标准制度热处理后的组织形貌，如图5-11所示。可以发现各合金晶界或晶内析出少量白色颗粒状碳化物，但并无 η 相及 P 化物析出。这是由于合金经1 060 ℃固溶2 h 后，0.013% P 和0.017% P 合金轧态组织中的 P 化物已完全溶解。IN706合金中 η 相析出温度范围为760～950 ℃ [133, 150]，由于非标准热处理制度不包含 η 相析出的中间热处理(845 ℃×3 h)，因此合金中未析出 η 相。通过透射电子显微镜观察合金晶内组织，可见细小的 γ'、γ'' 相析出[见图5-11(c) 和图5-11(d)]，且 P 对晶内强化相 γ'、γ'' 的形貌和分布影响不大。

不同 P 含量合金经非标准制度热处理后在650 ℃ /650 MPa 条件下的持久性能如图5-12所示。由图5-12可知，随着 P 含量的不断升高，合金的持久寿命不断提高。0.002% P 合金的持久寿命为23 h，0.008% P 合金的为44 h，0.013% P 合金的为56 h，0.017% P 合金的为80 h，0.017% P 合金持久寿命为0.002% P 合金的3倍多。同时，P 的加入对合金的持久塑性没有明显影响。

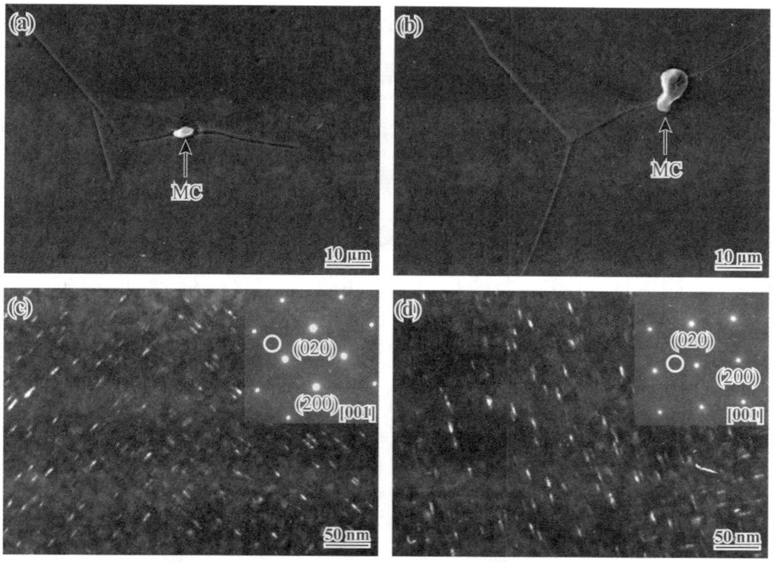

图5−11　合金经非标准制度热处理后的显微组织

(a) 0.002% P，扫描电子显微镜照片；(b) 0.017% P，扫描电子显微镜照片；
(c) 0.002% P，[001] 晶带轴透射电子显微镜暗场照片；
(d) 0.017% P，[001] 晶带轴透射电子显微镜暗场照片。

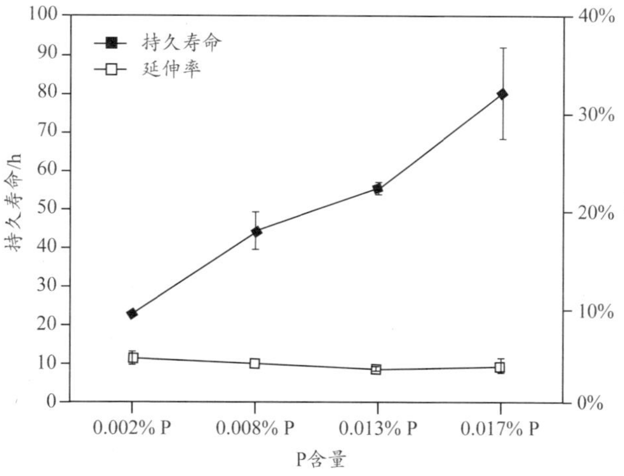

图5−12　P 含量对非标准制度热处理后合金650 ℃ /650 MPa 持久性能的影响

不同 P 含量合金经非标准制度热处理后650 ℃ /650 MPa 的持久断口形貌如图5-13所示。从图5-13(a)、图5-13(c)、图5-13(e)、图5-13(g) 的宏观断口形貌可以看出，各合金持久断口由沿晶断裂区、混晶区和穿晶断裂区组成，裂纹首先在晶界萌生和扩展，形成沿晶断裂区。由于晶界没有 η 相析出，裂纹易沿着晶界扩展。随着沿晶断裂区的扩大，应力不断增加，最后试样瞬时断裂，形成穿晶瞬断区。并且各合金都只出现了一处沿晶裂纹扩展区，沿晶区面积变化不大。通过对合金持久断口沿晶断裂区进行高倍观察可以发现 [见图 5-13(b)、图 5-13(d)、图 5-13(f)、图 5-13(h)]，晶粒表明光滑，为典型的沿晶断裂，部分晶粒之间可见二次裂纹存在。可见经非标准制度热处理后，P 对合金的持久断裂模式没有明显影响。

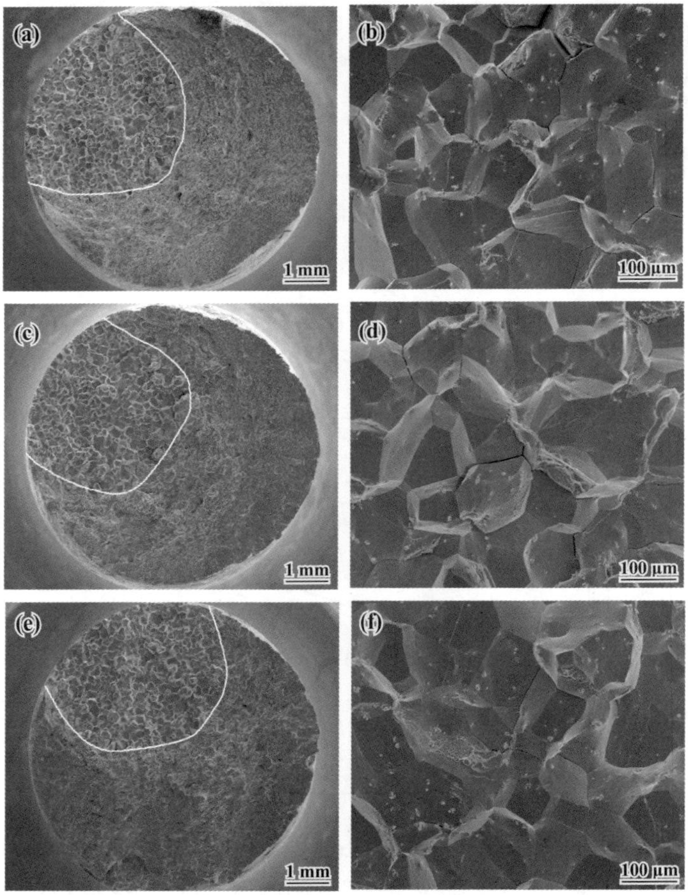

图 5-13　非标准制度热处理后合金 650 ℃ /650 MPa 持久断口形貌

(a) 0.002% P 合金断口宏观形貌；(b)0.002% P 合金沿晶断裂区高倍扫描电子显微镜照片；
(c) 0.008% P 合金断口宏观形貌；(d)0.008% P 合金沿晶断裂区高倍扫描电子显微镜照片；

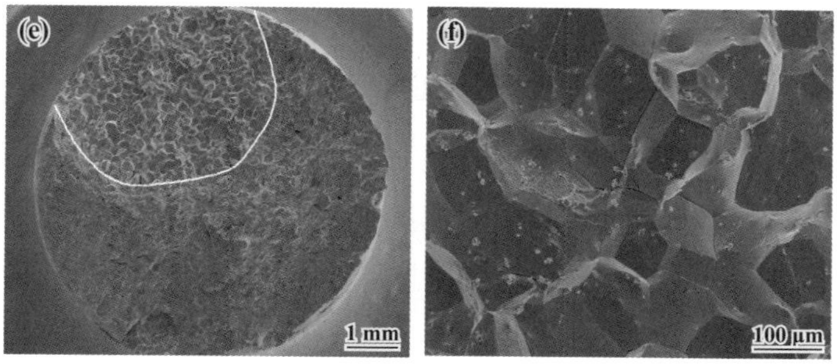

续图5-13

(e) 0.013% P 合金断口宏观形貌；(f)0.013% P 合金沿晶断裂区高倍扫描电子显微镜照片；
(g) 0.017% P 合金断口宏观形貌；(h)0.017% P 合金沿晶断裂区高倍扫描电子显微镜照片。

持久试样纵剖面组织如图5-14所示。各合金断口附近可见少量二次沿晶裂纹存在。这些裂纹沿着晶界扩展，终止于三叉点或大块析出相。试样内部沿晶裂纹较少，仅存在于单个晶界面，而未向周围晶界扩展。虽然不同P含量合金的持久寿命相差较大，但持久试样断口和纵剖面并无明显差别。这可以理解为P对持久性能的影响主要体现在持久裂纹萌生阶段，高P含量合金在裂纹扩展和持久断裂

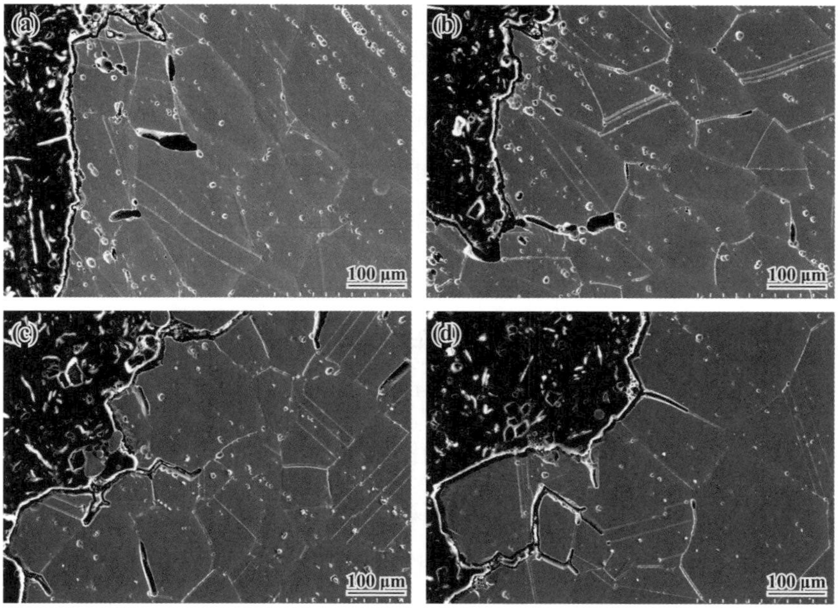

图5-14　非标准制度热处理后合金650 ℃ /650 MPa持久断口附近纵剖面的微观组织

前，有更长的时间阻止裂纹的萌生。非标准制度热处理后，晶界没有强化相存在，一旦有裂纹萌生，将很容易沿着晶界快速扩展并导致试样断裂，这也是各合金持久断口只有一处沿晶裂纹扩展区的原因。

5.4 讨　论

5.4.1 P 对相析出的影响

IN706 合金晶内强化相为 γ' 和 γ'' 相，晶界强化相主要以 η 相为主。P 在 Ni-Fe-Cr 基合金中的 γ 基体、η 相、γ' 和 γ'' 相的溶解度都较低，倾向于向晶界偏聚[45, 151]。在第 4 章中，我们采用俄歇电子能谱仪已证实了 P 在 IN706 合金的晶界偏聚现象。此外，三维原子探针的表征结果表明，P 在 718Plus 和 IN718 合金 γ'/γ、γ''/γ' 和 γ''/γ 相界面无明显偏聚[45, 151]，但是 P 在 718Plus 合金 η / γ 相界面存在明显偏聚现象[45]。因此，我们推测在 IN706 合金中，P 主要存在于晶界和 η / γ 相界面。

根据图 5-3 的实验结果，P 影响 IN706 合金晶界 η 相析出。对于 P 含量为 0.002% 和 0.008% 的合金，晶界只有少量棒状或条状 η 相；对于 P 含量为 0.013% 和 0.017% 的合金，晶界密集析出大量长针状 η 相。考虑到 P 在 γ 基体和 η 相中的溶解度较低，且强烈偏聚于 η / γ 相，当 η 相在晶界处形核时，必须将 P 原子从原来的位置扩散排出至很低浓度才能进行。因此 P 在晶界处偏聚降低了 η 相的形核率和长大速率。但当 P 含量升高，合金中析出 P 化物，P 晶界偏聚量减少后，不足以阻碍 η 相的形核和生长，P 对 η 相析出的促进作用就显现出来了。

尽管 P 在 γ 基体中的溶解度较低，但随着合金固溶温度的增加，P 的溶解度也会有所增加。根据本书第 4 章的研究结果，当合金在 1 190 ℃固溶 24 h 以空冷的方式冷却后，P 促进 IN706 合金中 γ' 相的析出，其原因可能是 P 减少了合金中 γ' 相与 γ 相的错配度。然而从本章的实验结果来看，在标准制度热处理和非标准制度热处理条件下，P 对合金的晶内强化相析出没有明显影响。一个因素是：本章的两种热处理制度的温度（1 060 ℃和 980 ℃）均低于 1 190 ℃，热处理时间也少于24 h，因此 P 在基体中的溶解度相对更低；另一个因素是：随着晶粒尺寸减小，合金中晶界所占的体积分数增加，造成 P 的晶界偏聚所占比重增加，其在基体中的含量减少。此外，大量的 P 在 η/γ 相界面偏聚，也消耗了一定量的 P。由此可见，P 对合金相析出的影响受热处理条件，如温度、时间、冷却速率等的影响。

穆克吉（Mukherji）等研究指出，γ' 和 γ'' 相的析出受热处理条件，特别是稳定化处理温度的影响[148]。因此，在标准热处理和非标准热处理制度两种条件下，γ' 和 γ'' 相的尺寸、形貌、分布都存在较大不同，见图5-5和图5-11。

5.4.2　P 对持久性能的影响

根据第3章及本章的实验结果，不同 P 含量 IN706合金经标准制度(980 ℃×3 h，空冷 + 845 ℃×3 h，空冷 + 730 ℃×8 h，55 ℃ /h，620 ℃×8 h，空冷)热处理后，在 P 含量为0.002% 和0.008% 的合金中，未观察到 P 化物析出，P 主要以固溶态形式存在；而在 P 含量为0.013% 和0.017% 的合金中析出大量 P 化物，P 主要以 P 化物的形式存在。合金经非标准制度(1 060 ℃×2 h，空冷 +730 ℃×8 h，55 ℃ /h，620 ℃×8 h，空冷)热处理后，4种合金中均不析出 P 化物，因此 P 全部固溶于合金基体中。如图5-6和图5-12所示，标准热处理条件下，P 含量为0.008% 的合金具有最高的持久寿命，非标准制度热处理条件下，合金的持久寿命随着 P 含量的增加而增加，P 含量最高的合金(0.017%)具有最高的持久寿命。因此，根据以上结果，我们推测 P 对 IN706合金持久寿命的影响取决于 P 在合金中的存在状态，即固溶态还是析出态。

在两种热处理条件下，当 P 以固溶态形式存在于合金中，合金的持久寿命均随 P 含量的增加而增加。由于 P 在晶界的偏聚浓度受其在合金基体中的固溶浓度影响，在标准和非标准制度热处理条件下，P 含量为0.008% 和0.017% 的合金分别具有最高的 P 晶界偏聚浓度。根据已有的研究结果，适量的 P 原子偏聚能够提高 IN718和718Plus 合金的晶界结合力和沿晶氧化抗力[39, 41-42, 45]。刘等人通过第一性原理计算发现，位于晶界的 P 原子可以强化部分 Ni 基合金的晶界[91]。此外，第4

章的研究结果表明,P 偏聚于 IN706 合金晶界，不会减少合金的晶界结合力。因此，P 以固溶态形式存在时的有益作用可以归结为其晶界偏聚，增强晶界结合力和沿晶氧化抗力。当过多的 P 加入，造成合金中 P 化物析出时,P 的有益作用不再存在。

η 相作为 IN706 合金的晶界析出相，对合金的力学性能有重要影响 [150, 152]。研究结果表明，晶界析出适量的 η 相能够阻止晶界滑移和沿晶裂纹扩展，且 η 相析出造成的锯齿状晶界可以松弛应力集中 [151–152]。然而，如图5-4所示，过量析出的 η 相周围出现析出贫化区，反而容易引起晶界滑移(由图5-9可见针状 η 相附近的裂纹存在)。因此，我们推测晶界析出的针状 η 相消耗了周围的 Al、Ti 等元素，使得 η 相附近出现析出贫化区，加速了晶界裂纹的萌生和扩展，导致 P 含量为 0.013% 和0.017% 的合金的持久断口呈穿晶加沿晶的混合断裂。由以上讨论可知，过量析出的晶界 η 相是 P 含量为0.013% 和0.017% 的合金持久性能下降的另一原因。

基于本章的实验结果和讨论，可以看出通过改变热处理条件和热加工参数，调整 P 在合金晶界和晶内的分配，可以优化 IN706 合金的微观组织，提升其力学性能。

5.5　本章小结

本章研究了标准制度热处理和非标准制度热处理两种条件下，P 对 IN706 合金组织和持久性能的影响，得到以下主要结论：

(1) 两种热处理条件下，P 对合金的晶粒度、晶内组织和持久塑性没有明显影响。

(2) 标准制度热处理条件下，P 含量为 0.008% 的合金具有最佳的持久寿命。当 P 含量达到或超过 0.013% 时，合金中析出的 P 化物，促进了晶界针状 η 相析出，并降低了合金的持久性能。

(3) 非标准制度热处理条件下，合金中不析出 P 化物，持久寿命随着 P 含量的增加而提高。

(4) P 对合金持久性能的影响取决于其存在状态：当 P 以原子态在晶界适度偏聚时能显著提高合金的持久寿命；当析出 P 化物后，合金的持久寿命降低，P 的有益作用不再存在。固溶态 P 的有益作用归结为 P 偏聚于晶界，增加了晶界结合力和沿晶氧化抗力。

第6章　主要结论

本书研究了微量元素P在Ni-Fe-Cr基变形高温合金IN706合金铸态、高温固溶态、热处理态中的分布规律及其对组织和性能的影响，探寻了P在其中的作用机理，得到以下主要结论。

（1）P显著影响IN706合金的凝固过程和铸态组织。P细化枝晶，扩大枝晶间面积，表明其促进凝固偏析；P高度偏聚于Laves相中，降低Laves相熔点，促进块状Laves相析出，并抑制共晶状Laves相析出。固溶于Laves相中的P提高了Laves相的稳定性，阻碍了Laves相溶解。同时，P阻碍Nb、Ti等元素在基体中的扩散，因此增加了IN706合金的均匀化难度。

（2）P在IN706合金基体中的溶解度为0.008%~0.013%。P含量达到或超过0.013%时，合金基体中析出正交结构的MNP型P化物，其析出温度范围为850~1 040 ℃，析出峰温度为980 ℃，熔点温度范围为1 200~1 250 ℃。

（3）热加工和热处理对P在合金中的存在形式具有显著影响。合金在1 060 ℃固溶2 h，P化物完全溶解，但P原子在原P化物析出位置仍有富集；固溶时间延长至10 h，P原子在基体中均匀分布。均匀分布于晶内的P原子，在冷却或低温保温过程中将向晶界偏聚并导致P化物在晶界处析出。

（4）在1 190 ℃高温固溶时，固溶于基体中的P原子可以降低基体γ相的晶格常数，进而降低γ/γ'相之间的晶格错配度，加快γ'相的析出速度，导致γ'相在合金空冷冷却过程中大量析出。因此，高P空冷合金的强度大幅度提高，使得其塑形和韧性显著降低。但在标准热处理态下，因γ'相的析出差别不大，P对合金拉伸性能的影响不大。

(5) P 对 IN706 合金持久性能的影响取决于其存在状态。当 P 以原子态在晶界适度偏聚时能显著提高合金的持久寿命。当析出 P 化物后，合金的持久寿命降低，P 的有益作用不再存在。P 对合金的持久塑性没有明显影响。

参考文献

[1] 黄乾尧，李汉康．高温合金 [M]. 北京：冶金工业出版社，2000.

[2] 陈国良．高温合金学 [M]. 北京：冶金工业出版社，1987.

[3] 郭建亭．高温合金材料学 [M]. 北京：科学出版社，2008.

[4] SIMS C T, STOLOFF N S, HAGEL W C. Hagel. Superalloys Ⅱ : high temperature materials for aerospace and industrial power[M]. New York: John Wiley & sons, 1987.

[5] 师昌绪，仲增墉．中国高温合金 40 年 [J]. 金属学报，1997，33(1)：1-8.

[6] REED R C. The superalloys fundamentals and applications[M]. Cambridge: Cambridge University Press, 2006.

[7] BROMLEY A V, PARKER R H. Sources of trace elements in primary raw materials used in production of superalloys[J]. Metal science journal, 1984, 11(1):419-427.

[8] DURBER G, BONEHAM M. Trace element control in vacuum induction and consumable–electrode melted Ni superalloys[J]. Metals technology, 1984, 11 (1):428-437.

[9] FORD D A . Importance of trace element control on mechanical and foundry properties of cast superalloys[J]. Metals technology, 1984, 11(1):438-445.

[10] GUO J T, ZHOU L Z. The effect of phosphorus, sulphur and silicon on segregation, solidification and mechanical properties of cast alloy 718[C]//

Superalloys 1996. TMS, Warrendale, PA. 1996: 451-455.

[11] 信昕，黄爱华，祁峰，等. P 对 Inconel 706 合金凝固过程中（Laves+γ）共晶反应的影响 [J]. 金属学报，2010，46(7)：873-878.

[12] ZHU H Q, GUO S R, GUAN H R, et al. The effect of silicon on the microstructure and segregation of directionally solidified In738 superalloy[J]. Materials at High Temperatures, 1994, 12(4):285-291.

[13] HU Z Q, SUN W R, GUO S R . Effect of P, S and Si on the solidification, segregation, microstructure and mechanical properties in Fe-Ni base superalloys [J]. Acta Metallurgica Sinica(english letters), 1996, 9(6):443-452.

[14] CHEN C, THOMPSON R G, DAVIS D W. A study of effects of phosphorus, sulfur, boron and carbon on Laves and carbide formation in alloy 718[C]// Superalloys 718, 625, 706 and Various Derivatives 1991. TMS, Warrendale, PA. 1991: 81-96.

[15] WANG A C, LI Y Y, FAN C G, et al. Effect of P and Si(Mn) on the solidification segregation in an iron-based superalloy[J]. Scripta metallurgica et materialia, 1994, 31(12):1695-1700.

[16] RICHARDS N L, CHATURVEDI M C. Effect of minor elements on weldability of nickel base superalloys[J]. International materials reviews, 2000, 45(3):109-129.

[17] HUANG X, CHATURVEDI M C, RICHARDS N L. The effect of grain boundary segregation of boron in cast alloy 718 on HAZ microfissuring—A SIMS analysis [J]. Acta materialia, 1997, 45(8):3095-3107.

[18] GITTOS M F, SCOTT M H, et al. Summary: effects of minor elements on weld cracking in superalloys[J]. Metals technology, 1984, 11(1):452-453.

[19] BINKLEY N C, GOODWIN G M, HARMAN D G. Effects of electrode

coverings on elevated temperature properties of austenitic stainless steel weld metal[J]. Welding reaearch supplement, 1973, 52(7): 306-311.

[20] KING R T, STIEGLER J O, GOODWIN G M. Relation between mechanical properties and microstructure in CRE type 308 weldments[J]. Welding reaearch supplement, 1974, 53(7):S307-S313.

[21] TURNER F. Effect of trace elements on forgeability of superalloys[J]. Metal science journal, 1984, 11(1):446-452.

[22] MCLEAN M, STRANG A. Effects of trace elements on mechanical properties of superalloys[J]. Metals technology, 1984, 11(1):454-464.

[23] SAUNDERS S R J. Effects of trace elements and environmental impurities on oxidation and hot-corrosion characteristics of superalloys[J]. Metals technology, 1984, 11(1):465-473.

[24] BIEBER C G, DECKER R F. The melting of malleable nickel and nickel alloys [J]. Transactions of the metallurgical society of AIME, 1961, 221(5): 629-636.

[25] HOLT R T, WALLACE. Impurities and trace elements in nickel-base superalloys [J]. International metals reviews, 1976 (21): 1-24.

[26] HONDROS E D, SEAH M P. Segregation to interfaces[J]. International materials reviews. 1978 (22): 262-301.

[27] OLEFJORD I. Temper embrittlement[J]. International materials reviews, 1978, 23(1):149-163.

[28] BRIANT C L, BANERJI S K. Intergranularfailure in steel: the role of grain-boundary composition[J]. International metals reviews, 1978 (23): 164-199.

[29] ZHU Y X , ZHANG S N, XU L Y, et al. Superalloys with low segregation[J]. Superalloys, 1988: 703-712.

[30] ZHU Y X, ZHANG S N, ZHANG T X, et al. A new way to improve the

superalloys[J]. Superalloys, 1992: 145-154.

[31] ZHU Y X, ZHANG S N, ZHANG T X, et al. Effect of P, S, B and Si on the solidification segregation of Inconel 718 alloy[C]//Superalloys 718, 625, 706 and Various Derivatives 1994. TMS, Warrendale, PA. 1994: 89-98.

[32] CORNET M, BERTRAND C, BELO M. Hydrogen embrittlement of ultra-pure alloys of the inconel 600 type: influence of the additions of elements (C, P, Sn, Sb)[J]. Metallurgical and materials transactions a, 1982, 13(1):141-144.

[33] SUNG J K, WAS G S. Intergranular Cracking of Ni-16Cr-9Fe alloys in high temperature water[J]. Corrosion-Houston Tx-, 1991, 47(11):824-834.

[34] SUNG J K, KOCH J, ANGELIU T, et al. The effect of grain boundary chemistry on Intergranular stress corrosion cracking of Ni-Cr-Fe alloys in 50 Pct NaOH at 140 °C[J]. Metallurgical transactions a, 1992 (23): 2887-2904.

[35] WAS G S, SUNG J K, ANGELIU T M. Effects of grain boundary chemistry on the intergranular cracking behavior of Ni-16Cr-9Fe in high-temperature water[J]. Metallurgical transactions a, 1992 , (23): 3343-3359.

[36] 孙文儒. P、S、Si 对一种高温合金凝固偏析和组织性能的影响 [D]. 沈阳：中国科学院金属研究所，1993.

[37] 孙文儒. 微量元素 P、S 和 Si 对 IN718 和 GH761 合金凝固过程、元素偏析、组织结构和力学性能的影响 [D]. 沈阳：中国科学院金属研究所，1996.

[38] SUN W R, GUO S R, LU D Z, et al. Effect of phosphorus on the microstructure and stress rupture properties in an Fe-Ni-Cr base superalloy[J]. Metallurgical and materials transactions a, 1997, 28(3): 649-654.

[39] CAO WD, KENNEDY R. L. The effect of phosphorus on mechanical properties of alloy 718[C]//Superalloys 718, 625, 706 and Various Derivatives 1994. TMS, Warrendale, PA. 1994: 463-477.

[40] CAO WD, KENNEDY R L. Phosphorus-boron interaction in nickel-base superalloys[C]//Superalloys 1996. TMS, Warrendale, PA. 1996: 589-597.

[41] SUN W R, GUO S R, LEE J H, et al. effects of phosphorus on the δ-ni_3nb phase precipitation and the stress rupture properties in alloy 718[J]. Materials science & engineering a, 1998, 247(1–2):173-179.

[42] LIU X, J DONG, TANG B, et al. Investigation of the abnormal effects of phosphorus on mechanical properties of INCONEL718 superalloy[J]. Materials science and engineering-lausanne-a, 1999(270): 190-196.

[43] 肖旋，赵海强，王常帅，等．B 和 P 对 GH984 合金组织和力学性能的影响 [J]. 金属学报，2013，49(4)：421-427.

[44] WANG C, ZHAO H, GUO Y, et al. Structural stability and mechanical properties of phosphorus modified Ni-Fe based superalloy GH984[J]. Materials research innovations, 2014, 18(suppl.4):S4-324-S4-330.

[45] WANG M Q, DU J H, DENG Q, et al. The effect of phosphorus on the microstructure and mechanical properties of ATI 718Plus alloy[J]. Materials science & engineering a, 2015, 626(feb.25):382-389.

[46] 关帅．微量元素 P、B、N 在一种 Ni-Fe-Cr 基高温合金中的作用研究 [D]. 沈阳：中国科学院金属研究所，2015.

[47] 孙文儒，郭守仁，郭建亭，等．磷含量对 GH761 合金凝固、偏析及 η 相析出的影响 [J]. 金属学报，1995，31 (8)：346-350.

[48] 胡壮麒，孙文儒，郭守仁，等．微量元素磷在铁镍基变形高温合金中的作用 [J]. 中国有色金属学报，2001，11(6)：947-959.

[49] 王景唐，陈秋，于永田，等．液态 Ni-P、Ni-Zr-P 系的表面张力及其对 Al_2O_3 的润湿性 [J]. 金属学报，1985，21 (6)：477-484.

[50] 周兰章．磷对 IN718C 合金组织和性能的影响 [D]．沈阳：中国科学院金

属研究所，1999.

[51] 徐岩．微量元素对镍基铸造高温合金组织和性能的影响 [D]．沈阳：中国科学院金属研究所，2000.

[52] 徐岩，郭守仁，卢德忠，等．微量元素 P 对 Ni 基铸造高温合金组织和持久性能的影响 [J]. 金属学报，2000，36 (12)：1240-1243.

[53] 吴平，贺信莱．晶界非平衡偏聚研究的回顾与展望 [J]. 金属学报，1999，35 (10)：1009-1 020.

[54] MCLEAN D. Grain boundaries in metals[M]. Oxford: Oxford University Press, 1957.

[55] SHIGESATO G, FUJISHIRO T, HARA T. Grain boundary segregation behavior of boron in low-alloy steel[J]. Metallurgical & materials transactions a, 2014, 45(4): 1876-1882.

[56] SONG S H, WU J, WENG L Q, et al. Fractographic changes caused by phosphorus grain boundary segregation for a low alloy structural steel[J]. Materials science and engineering a: 2008, 497(1-2):524-527.

[57] SONG S, XU T, YUAN Z. Determination of critical time and critical cooling rate of non-equilibrium grain-boundary segregation[J]. Acta metallurgica, 1989, 37(1): 319-323.

[58] 贺信莱，褚幼义，张秀林，等．硼在钢中的分布 [J]. 金属学报，1977，13 (4): 235-245.

[59] 褚幼义，贺信莱，唐立，等．硼在奥氏体晶界的两类偏聚 [J]. 金属学报，1987，23 (3)：169-175.

[60] XU T D, SONG S H, YUAN Z X, et al. Two types of boron segregation at austenite grain boundaries and their mutual relation[J]. Journal of materials science, 1990, 25 (3): 1739-1744.

[61] 徐庭栋，王凯，宋中华. 溶质非平衡晶界偏聚的研究进展（Ⅰ）：热循环引起的非平衡偏聚和晶间脆性断裂 [J]. 中国科学（E 辑：技术科学），2009，39 (7)：1199-1210.

[62] GUTTMANN M. Equilibrium segregation in a ternary solution: a model for temper embrittlement[J]. Surface science, 1975, 53(1): 213-227.

[63] AUST K T, HANNEMAN R E, NIESSEN P, et al. Solute induced hardening near grain boundaries in zone refined metals[J]. Acta metallurgica, 1968, 16(3): 291-302.

[64] ANTHONY T R. Solute segregation in vacancy gradients generated by sintering and temperature changes[J]. Acta metallurgica, 1969, 17(5):603-609.

[65] XU T D, CHENG B Y. Kinetics of non-equilibrium grain-boundary segregation [J]. Progress in materials science, 2004, 49(2): 109-208

[66] 徐庭栋. 非平衡晶界偏聚动力学和晶间脆性断裂 [M]. 北京：科学出版社，2006.

[67] ALAM T, FELFER P J, CHATURVEDI M, et al. Segregation of B, P, and C in the Ni-based superalloy, inconel 718[J]. Metallurgical & materials transactions a, 2012, 43(7):2183-2191.

[68] PING D H, GU Y F, CUI C Y, et al. Grain boundary segregation in a Ni–Fe-based (Alloy 718) superalloy[J]. Materials science & engineering a, 2007, 456(1-2): 99-102.

[69] LEI Z, XU T, DENG Q, et al. Experimental study on the characteristic of grain-boundary segregation of phosphorus in Ni-base superalloy[J]. Materials letters, 2008, 62(1):54-56.

[70] WANG K, SI H, YANG C, et al. Non-equilibrium grain-boundary segregation of phosphorus in Ni-Cr-Fe superalloy[J]. Journal of iron & steel research, 2011

(18): 61-67.

[71] DONG J X, ZHANG M C, XIE X S, et al.Interfacial segregation and cosegregation behavior in a nickel-base alloy 718[J]. Materials science and engineering a, 2002, 328(1-2): 8-13.

[72] 宋洪伟，郭守仁，卢德忠，等．磷对 IN718 合金 δ 相的影响 [J]. 金属学报，1999，35 (10)：1024-1026.

[73] 胡壮麒，孙文儒，宋洪伟．一种新的变形高温合金强化方法：磷硼微合金复合强化 [J]. 中国工程科学，2005，7 (3)：17-26.

[74] 黄历锋．DA718 合金中磷、硼的作用及机理研究 [D]．沈阳：中国科学院金属研究所，2007.

[75] 黄历锋，孙文儒，郭守仁，等．磷对 DA718 合金长期时效力学性能及 γ″ 相的影响 [J]. 稀有金属材料与工程，2008，37 (7): 1193-1196.

[76] 魏志刚．磷对 GH761 合金中的微合金强化机理及应用研究 [D]．沈阳：中国科学院金属研究所，2006.

[77] 魏志刚，杨树林，孙雅茹，等．磷对 GH761 合金固溶水淬组织屈服强度的影响 [J]. 材料研究学报，2007，21(2)：130-134.

[78] 孙文儒，郭守仁，孟晓娜，等．磷含量对细晶镍基 GH4133 合金力学性能的影响 [J]. 金属学报，2004，40(5)：477-482.

[79] 孙雅茹，孙文儒，孙晓峰，等．P 的分布形态对一种低膨胀高温合金持久性能的影响 [J]. 材料研究学报，2008，22(3)：235-240.

[80] YANG S L, SUN W R, WANG J X, et al. Effect of phosphorus on mechanical properties and thermal stability of fine-grained GH761 alloy[J]. Journal of materials science & technology, 2011, 27(6): 539-545.

[81] 于连旭．B、Zr、P 对两种典型低膨胀高温合金组织和性能的影响 [D]. 沈阳：中国科学院金属研究所，2010.

[82] YU L X, SUN Y R, SUN W R, et al. The influence of phosphorus on the microstructure and stress-rupture properties in a low thermal expansion superalloy[J]. Materials science & engineering a, 2010, 527(4-5):911-916.

[83] 宋洪伟，郭守仁，卢德忠，等．磷对 IN718 合金蠕变性能的影响 [J]. 材料研究学报，1995, 13(5)：523-526.

[84] 宋洪伟，郭守仁，卢德忠，等．磷含量对 IN718 合金持久和蠕变性能的影响 [J]. 中国有色金属学报，2000，10(3)：301-305.

[85] 李娜．微量元素磷、硼、碳在 DA718 合金中的作用及机理的研究 [D]. 沈阳：中国科学院金属研究所，2004.

[86] NA L, SUN W, YAN X. Effect of P and B on the creep behavior of alloy 718[J]. Materials letters, 2006, 60(17/18):2232-2235.

[87] 李娜，郭守仁，卢德忠，等．微量元素磷、硼对直接时效 IN718 合金持久蠕变性能的影响 [J]. 金属学报，2003，39 (12)：1255-1258.

[88] HONDROS E D, SEAH M P. Physical metallurgy[M].Amsterdam, Holland, 1984.

[89] SEAH M P. Adsorption-induced interface decohesion[J]. Acta metallurgica, 1980, 28(7):955-962.

[90] YAMAGUCHI M, SHIGA M, KABURAKI H. Gain boundary decohesion by impurity segregation in a nickel-sulfur system[J]. Science, 2005, 307(21): 393-397.

[91] LIU W G, REN C L, HAN H, et al. First-principles study of the effect of phosphorus on nickel grain boundary[J]. Journal of applied physics, 2014, 115 (4):10-21.

[92] SUN W R, GUO S R, LU D Z, et al. A mechanism of phosphorus on the creep properties of alloy 718[C]//4th Pacific Rim International Conference on Advanced

Materials and Processing. Honolulu, Hi. 2001: 2719-2722.

[93] GARCIA C I, CAMUS D E, LORIA E A, et al. Microstructural refinement of as-cast alloy 718 via thermomechanical processing[C]//Superalloys 718, 625, 706 and Various Derivatives 1997. TMS, Warrendale, PA. 1997: 925-939.

[94] 张立新，宁华，周敬，等. 冷轧 Fe-P 合金中磷的非平衡偏聚结构与取向间变化的关系 [J]. 金属学报，1992，28 (5)：32-39.

[95] SCHILKE P W, PEPE J, SCHWANT R C. Alloy 706 metallurgy and turbine wheel application[C]//Superalloys 718, 625, 706 and Various Derivatives 1994. TMS, Warrendale, PA. 1994: 1-12.

[96] SCHILKE P W, SCHWANT R C. Alloy 706 use, process optimization, and future directions for GE gas turbine rotor materials[C]//Superalloys 718, 625, 706 and Various Derivatives 2001. TMS, Warrendale, PA. 2001: 25-34.

[97] GURURAJA U V, SARKAR P, RAO M N. Manufacture and property evaluation of superalloy 44Ni-14Cr-1.8Nb-1.7T 1.5Mo-0.3V-Fe (modified 706)-An experience [C]//7th International symposium on Superalloy 718 and Derivatives 2010. TMS, Warrendale, PA. 2010: 237-242.

[98] HONJO T, MATSUMOTO O, MORITA K, et al. Manufacturing and mechanical properties of a large size alloy 706 disk by ESR process[C]//Superalloys 718, 625, 706 and Various Derivatives 1994. TMS, Warrendale, PA. 1994: 239-248.

[99] PETIT P, FESLAND J P. Manufacturing of large IN706 and IN718 forging parts [C]//Superalloys 718, 625, 706 and Various Derivatives 1997. TMS, Warrendale, PA. 1997: 153-162.

[100] SHIBATA T, TAKAHASHI T, TAIRA J, et al. Superalloy 706 large forgings by ESR[C]//Superalloys 718, 625, 706 and Various Derivatives 2001. TMS, Warrendale, PA. 2001: 161-172.

[101] SCHÖNFELD, K H, DONTH B, CAMBI M G, et al. Manufacturing and Properties of a Large Alloy 706 Disc Made by the Open Die Forging Process[C]//Superalloys 718, 625, 706 and Various Derivatives 2001. TMS, Warrendale, PA. 2001. 185-192.

[102] 李岩，黄烁，秦鹤勇，等．重型燃机用超大尺寸 IN706 涡轮盘国内外制备技术展望 [J]. 汽轮机技术，2013，55(2)：156-158.

[103] 龙正东．国外 Inconel706 合金的研究进展 [J]. 材料导报，1995(5)：14-19.

[104] KRAMB R C, ANTONY M M, SEMIATIN S L. Homogenization of a nickel-base superalloy ingot material[J]. Scripta Materialia, 2006, 54(9):1645-1649.

[105] SEMIATIN S L, KRAMB R C, TURNER R E, et al. Analysis of the homogenization of a nickel-base superalloy[J]. Scripta Materialia, 2004, 51(6):491-495.

[106] STARINK M J, THOMSON R C. The effect of high temperature exposure on dendritic segregation in a conventionally cast Ni based superalloy[J]. Journal of Materials Science, 2001, 36(23):5603-5608.

[107] PAN X L, YU H Y, TU G F, et al. Segregation and diffusion behavior of niobium in a highly alloyed nickel-base superalloy[J]. Transactions of Nonferrous Metals Society of China, 2011, 21(11):2402-2407.

[108] JABLONSKI P D, COWEN C J. Homogenizing a nickel-based superalloy: thermodynamic and kinetic simulation and experimental results[J]. Metallurgical and Materials Transactions B, 2009, 40(2):182-186.

[109] MIAO Z J, SHAN A D, LU J, et al. Segregation and diffusion characterization in two-stage homogenization of conventional superalloy[J]. Materials Science and Technology. 2011(27): 1551-1557.

[110] R. DING. Grain boundary segregation in Ni-base (718 plus) superalloy[J]. Materials Science and Technology. 2010, 26(1): 36-40.

[111] LI L, LIU E B, LI Q F, et al. Non-equilibrium grain boundary cosegregation of Mo and P[J]. Applied Surface Science, 2006, 252(11):3989-3992.

[112] P. LEJCEK. Grain boundary segregation in metals[M]. Springer, 2010.

[113] DONG J M, SHIN E J, CHO K C, et al. Cooling Rate Dependence of Boron Distribution in Low Carbon Steel[J]. Metallurgical & Materials Transactions A, 2012, 43(5):1639-1648.

[114] XU T D，The critical time and critical cooling rate of non-equilibrium grain-boundary segregations. Journal of Materials Science Letters. 1988, 7(3): 241-242

[115] 袁泽喜，万涛，刘静．中温大变形量下磷在 2.25Cr1Mo 钢中的晶界偏聚 [J]. 武汉科技大学学报，2008，31(3)：299-303.

[116] CHEN X M, SONG S H. Plastic deformation-induced phosphorus segregation to ferrite grain boundaries in an interstitial free steel[J]. Materials Science & Engineering A, 2010, 527(29-30):7580-7584.

[117] SHINODA T, NAKAMURA T. The effects of applied stress on the intergranular phosphorus segregation in a chromium steel[J]. Acta Metallurgica, 1981, 29(9): 1631-1636.

[118] MISRA R. D. K. Issues concerning the effects of applied tensile stress on intergranular segregation in a low alloy steel[J]. Acta Materialia, 1996, 44(3):885-890.

[119] KARLSSON L, NORDÉN H. Non-equilibrium grain boundary segregation of boron in austenitic stainless steel - I. Large scale segregation behaviour[J]. Acta Metallurgica, 1988, 36(1):1-12.

[120] KARLSSON L, NORDÉN H. Non-equilibrium grain boundary segregation of boron in austenitic stainless steel - II. Fine scale segregation behaviour[J]. Acta Metallurgica, 1988, 36(1): 13-24.

[121] 信昕．P、Al、Nb 对 IN706 合金组织和性能的影响 [D]．沈阳：东北大学，2010

[122] THUVANDER M, STILLER K, BLAVETTE D, et al. Grain boundary precipitation and segregation in Ni-16Cr-9Fe model materials[J]. Applied Surface Science,

1996, 94(1369):343-350.

[123] THUVANDER M, MILLER M.K, STILLER K. Grain boundary segregation during heat treatment at 600 ℃ in a model Alloy 600[J]. Materials Science and Engineering: A, 1999, 270(1): 38-43.

[124] KARLSSON L, H NORDÉN. Non-equilibrium grain boundary segregation of boron in austenitic stainless steel—IV. Precipitation behaviour and distribution of elements at grain boundaries[J]. Acta Metallurgica, 1988, 36(1):35-48.

[125] HASS MD, HOSSON J.T.MD. Grain boundary segregation and precipitation in aluminium alloys[J]. Scripta Materialia, 2001, 44(2):281-286.

[126] GUTTMANN, M. The link between equilibrium segregation and precipitation in ternary solutions exhibiting temper embrittlement[J]. Metal Science, 1976, 10(10):337-341.

[127] KAI J J, YU G P, TSAI C H, et al. The effects of heat treatment on the chromium depletion, precipitate evolution, and corrosion resistance of INCONEL alloy 690[J]. Metallurgical Transactions A, 1989, 20(10):2057-2067.

[128] KANG M H, LEE J S, KOO Y M, et al. Correlation between MnS precipitation, sulfur segregation kinetic, and hot ductility in C-Mn Steel[J]. Metallurgical and Materials Transactions A, 2014 (45): 5295-5299.

[129] TAYLOR K.A. Grain boundary segregation and precipitation of boron in 0.2 precent carbon steels[J]. Metallurgical Transactions A, 1992, 23(1): 107-119.

[130] VINCENT R. Precipitation around welds in the nickel-base superalloy, Inconel 718[J]. Acta Metallurgica, 1985, 33(7):1205-1216.

[131] NAKKALIL R, RICHARDS N L, CHATURVEDI M C. A study of precipitates and insolubles in an Ni-Fe-based superalloy by analytical electron microscopy [J]. Materials Science & Engineering A, 1992, 157(1):89-100.

[132] DAVIS L E, MCDONALD M C, PALMBERG P W. Handbook of Auger Electron

Spectroscopy[M]. 2nd ed. Minnesota: Physical Electronics Division of Perkin-Elmer Corporation, 1976.

[133] K. A. Heck. The time-temperature-transformation behavior of alloy 706[C]// Superalloys 718, 625, 706 and Various Derivatives 1994. TMS, Warrendale, PA. 1994. 393-404.

[134] PECHARESKY V K, ZAVALIJ P Y. Fundamentals of Powder Diffraction and Structural Characterization of Materials[M]. 1st ed. USA, Springer Science + Business Media, Inc.: 2004.

[135] 潘金生，仝健民，田民波．材料科学基础 [M]. 北京：清华大学出版社，2007.

[136] RICE J R, WANG J S. Embrittlement of interfaces by solute segregation[J]. Materials Science and Engineering: A, 1989, 107(89):23-40.

[137] Liu C T, White C L, Horton J A. Effect of boron on grain-boundaries in Ni_3A_l[J]. Acta Metallurgica, 1985, 33(2):213-229.

[138] LIU Y, CHEN K Y, LU G, et al. Impurity effects on the Ni/Ni3Al interface cohesion [J]. Acta Materialia, 1997, 45(5):1837-1849.

[139] SEAH M P. Interface adsorption, embrittlement and fracture in metallurgy: A review[J]. Surface Science, 1975, 53(1):168-212.

[140] MULFORD R A, MCMAHON C J, POPE D P, et al. Temper embrittlement of Ni-Cr Steels by phosphorus[J]. Metallurgical Transactions A, 1976, 7(8):1183-1195.

[141] SEAH M P. Segregation and the Strength of Grain Boundaries[J]. Proceedings of the Royal Society of London, 1976, 349(1659):535-554.

[142] RELLICK J B, MCMAHON C J. Intergranular embrittlement of iron-carbon alloys by impurities[J]. Metallurgical Transactions, 1974(5): 2439-2450.

[143] ERHART H, GRABKE H J. Equilibrium segregation of phosphorus at grain boundaries of Fe-P, Fe-C-P, Fe-Cr-P, and Fe-Cr-C-P alloys[J]. Metal Science Journal. 2013, 15(9):401-408.

[144] GABB T P, BACKMAN D G, WEI D Y, et al. γ′ formation in a nickel-base disk superalloy[C]//Superalloys, 2000. TMS, Warrendale, PA. 2000. 405-414.

[145] 肖纪美．合金相与相变 [M]. 北京：冶金工业出版社，2004.

[146] 孙振岩，刘春明．合金中的扩散与相变 [M]. 沈阳：东北大学出版社，2002.

[147] MUKHERJI D, GILLES R, BARBIER B, et al. Lattice misfit measurement in Inconel 706 containing coherent γ′ and γ ″ precipitates[J]. Scripta Materialia, 2003, 48(4):333-339.

[148] MUKHERJI D, STRUNZ P, GENOVESE D D, et al. Investigation of microstructural changes in INCONEL 706 at high temperatures by In-Situ small-angle neutron scattering[J]. Metallurgical & Materials Transactions A, 2003, 34(12):2781-2792.

[149] KINDRACHUK V, WANDERKA N, BANHART J, et al. Effect of rhenium addition on the microstructure of the superalloy Inconel 706[J]. Acta Materialia, 2008, 56(7):1609-1618.

[150] SHIBATA T, SHUDO Y, TAKAHASHI T, et al. The effect of stabilizimg treatment on precipitation behavior of Alloy 706[C]//Superalloys, 1996. TMS, Warrendale, PA. 1996. 627-636.

[151] SIJBRANDIJA S.J, MILLERA M.K, HORTONA J.A, et al. Atom probe analysis of nickel-based superalloy IN-718 with boron and phosphorus additions[J]. Materials Science and Engineering A. 1998, 250(1): 115-119.

[152] TAKAHASHI T, ISHIGURO T, ORITA K, et al. Effects of grain boundary precipitation on creep rupture properties of alloys 706 and 718 turbine Disk Forgings[C]//Superalloys 718, 625, 706 and Various Derivatives 1994. Warrendale: TMS, 1994: 557-565.